建筑工人职业技能培训教材

机械设备安装工(安装钳工)

建筑工人职业技能培训教材编委会　组织编写

中国建筑工业出版社

图书在版编目（CIP）数据

机械设备安装工（安装钳工）/建筑工人职业技能培训教材编委会组织编写. —北京：中国建筑工业出版社，2015.11
建筑工人职业技能培训教材
ISBN 978-7-112-18631-0

Ⅰ.①机… Ⅱ.①建… Ⅲ.①机械设备-设备安装-技术培训-教材 Ⅳ.①TH182

中国版本图书馆CIP数据核字（2015）第252459号

建筑工人职业技能培训教材
机械设备安装工
（安装钳工）
建筑工人职业技能培训教材编委会　组织编写
*
中国建筑工业出版社出版、发行（北京西郊百万庄）
各地新华书店、建筑书店经销
北京红光制版公司制版
环球印刷（北京）有限公司印刷
*

开本：850×1168毫米　1/32　印张：8　字数：213千字
2015年11月第一版　2015年11月第一次印刷
定价：19.00元
ISBN 978-7-112-18631-0
（27846）

版权所有　翻印必究
如有印装质量问题，可寄本社退换
（邮政编码 100037）

本教材是建筑工人职业技能培训教材之一。本书共分为八个部分，主要内容包括：识图，常用的量具和仪器，设备安装基础知识，典型部件的安装，机械设备的安装方法，典型设备安装操作技能，机械设备的检验、调整和试运转，通用机械设备安装工程通病与防治。

本教材适用于机械设备安装工（安装钳工）职业技能培训和自学。

责任编辑：朱首明　李　明　李　阳　李　慧
责任设计：董建平
责任校对：张　颖　刘梦然

建筑工人职业技能培训教材
编委会

主　任：刘晓初

副主任：辛凤杰　艾伟杰

委　员：(按姓氏笔画排序)

包佳硕　边晓聪　杜　珂　李　孝
李　钊　李　英　李小燕　李全义
李玲玲　吴万俊　张囡囡　张庆丰
张晓艳　张晓强　苗云森　赵王涛
段有先　贾　佳　曹安民　蒋必祥
雷定鸣　阚咏梅

出 版 说 明

为了提高建筑工人职业技能水平，受住房和城乡建设部人事司委托，依据住房和城乡建设部新版《建筑工程施工职业技能标准》（以下简称《职业技能标准》），我社组织中国建筑工程总公司相关专家，对第一版《土木建筑职业技能岗位培训教材》（建设部人事教育司组织编写）进行了修订，并补充新编了其他常见工种的职业技能培训教材。

第一批教材含新编教材 3 种：建筑工人安全知识读本（各工种通用）、模板工、机械设备安装工（安装钳工）；修订教材 10 种：钢筋工、砌筑工、防水工、抹灰工、混凝土工、木工、油漆工、架子工、测量放线工、建筑电工。其他工种教材也将陆续出版。

依据新版《职业技能标准》，建筑工程施工职业技能等级由低到高分为：五级、四级、三级、二级和一级，分别对应初级工、中级工、高级工、技师和高级技师。教材覆盖了五级、四级、三级（初级、中级、高级）工人应掌握的内容。二级、一级（技师、高级技师）工人培训可参考使用。

本套教材按新版《职业技能标准》编写，符合现行标准、规范、工艺和新技术推广的要求，书中理论内容以够用为度，重点突出操作技能的训练要求，注重实用性，力求文字通俗易懂、图文并茂，是建筑工人开展职业技能培训的必备教材,也可供高、中等职业院校实践教学使用。

为不断提高本套教材质量,我们期待广大读者在使用后提出宝贵意见和建议,以便我们改进工作。

中国建筑工业出版社

2015 年 10 月

前　　言

本教材依据住房和城乡建设部新版《建筑工程安装职业技能标准》编写完成。

本书力求理论知识与实践操作的紧密结合，体现建筑企业施工的特点，突出提高生产作业人员的实际操作水平，做到文字简练、通俗易懂、图文并茂。注重针对性、科学性、规范性、实用性、新颖性和可操作性。

本教材适用于职业技能五级（初级）、四级（中级）、三级（高级）机械设备安装工（安装钳工）岗位培训和自学使用，也可供二级（技师）、一级（高级技师）机械设备安装工（安装钳工）参考使用。

本教材主编由包佳硕担任，副主编由张晓强担任，由于编写时间仓促，加之编者水平有限，书中难免存在缺点和不足，敬请读者批评指正。

目 录

- 一、识图 ··· 1
  - (一) 视图 ··· 1
  - (二) 剖视图的读法 ·· 8
  - (三) 怎样读装配图 ·· 11
  - (四) 识读较复杂的动力站房类设备图 ······················· 15
- 二、常用的量具和仪器 ·· 22
  - (一) 钢直尺、内外卡钳及塞尺 ······························ 22
  - (二) 游标读数量具 ·· 30
  - (三) 指示式量具 ·· 36
  - (四) 水平仪 ·· 42
  - (五) 水准仪和经纬仪 ······································ 45
  - (六) 量具的维护和保养 ···································· 51
- 三、设备安装基础知识 ·· 54
  - (一) 划线 ·· 54
  - (二) 金属的錾削、锯割和锉削 ······························ 57
  - (三) 孔加工、螺纹加工及刮削和研磨 ······················· 77
- 四、典型部件的安装 ·· 99
  - (一) 联轴器的安装 ·· 99
  - (二) 滑动轴承的安装 ······································ 103
  - (三) 滚动轴承的安装 ······································ 111
  - (四) 齿轮的装配 ·· 118
  - (五) 螺纹连接件的装配 ···································· 121
  - (六) 键、销连接装配 ······································ 126

五、机械设备的安装方法 129
- （一）设备的定位 129
- （二）地脚螺栓的安装 138
- （三）垫铁的安放 147
- （四）设备的找正 151
- （五）浇灌砂浆 156
- （六）设备的几种安装方法 158

六、典型设备安装操作技能 163
- （一）泵安装 163
- （二）风机安装 167
- （三）金属切削机床安装 168
- （四）电梯安装 173
- （五）工业锅炉安装 184

七、机械设备的检验、调整和试运转 200
- （一）检验和调整 200
- （二）试运转 213

八、通用机械设备安装工程通病与防治 216
- （一）设备基础施工 216
- （二）地脚螺栓施工 220
- （三）垫铁配制 224
- （四）拆卸、清洗 225
- （五）联轴节的装配 226
- （六）轴承的装配 232
- （七）皮带和链传动 237
- （八）齿轮传动 240

参考文献 245

一、识 图

(一) 视 图

1. 什么叫视图

表示物体的形状可用立体图,如图 1-1 是组合夹具中一个零件的立体图。这种图形和照片差不多,立体感强,但是不能反映物体的真实形状,例如圆和椭圆画在图上都是椭圆,正方形、长方形和斜方形(平行四边形)画在图上都成为斜方形,而且物体上其他面的情况及物体的内部形状更不易表达清楚,所以立体图不直接用在生产图上,但由于立体感强,可以作为生产图样的补充说明。

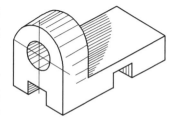

图 1-1 镗孔支承的立体图

图 1-2 (d) 是生产中广泛采用的一种图形表示方法。

这种表示物体形状的方法,是我们对着物体从不同方向看而画出来的图样,即所谓视图的方法(图 1-2)。

利用视图能完整的表示物体各个面的形状。在视图上标上尺寸、公差和粗糙度、加工的技术要求等,就是我们在工厂生产中所使用的图样。如用来表示单个零件的图样,就称为零件图(图 1-3);用来表示若干零件装配在一起的图样,就称为装配图。

2. 投影的基本知识

视图是按正投影方法画出来的,那么什么是投影呢?

如图 1-4 所示,将一块三角板放在灯光下照射,在地面上就

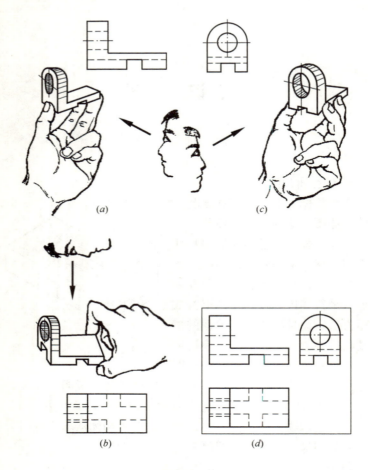

图 1-2 镗孔支承的三种视图

出现三角板的影子,我们把这个影子称为三角板的投影,地面称为投影面,光线称为投影线。由于光线自一点(灯泡)发出,彼此之间不平行,所以随着三角板离灯光和地面距离远近不同,它的投影也有大有小,也就是说这种投影方法不能反映物体的真实的大小。

太阳的光线可以看成是相互平行的。当中午的太阳光线垂直

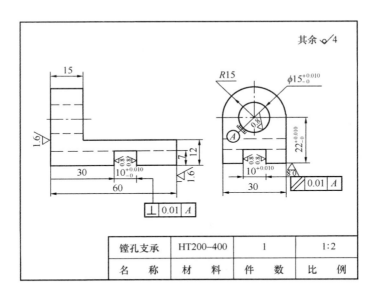

图 1-3 镗孔支承的零件图

照射到地面时,这时如果将三角板平行于地面,让太阳光照射,那么它在地面上的投影就与三角板的真实大小一样(图 1-5)。

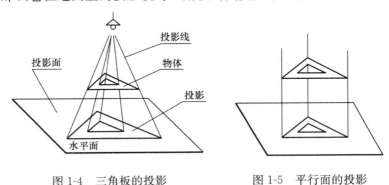

图 1-4 三角板的投影　　　　图 1-5 平行面的投影

像这种投影线相互平行,并且垂直于投影面的投影方法,就叫做正投影法。这种正投影法有什么特点呢?

如果把三角板放成和投影面平行,那么它的投影反映了它的真实形状和大小，如图1-5所示。

当把三角板放成和投影面垂直时，它的投影就积聚成一条直线，称为投影的积聚性（图1-6）。

当三角板和投影面倾斜时，它的投影大小和形状就要改变（图1-7）。

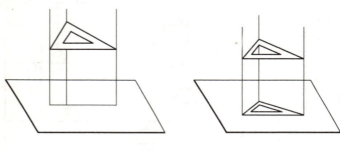

图1-6　垂直面的投影　　　图1-7　倾斜面的投影

这个投影性质可概括如下（不管这个平面图形是圆、方或其他什么形状，都具有这些性质）：

平面平行投影面，投影真形现；

平面垂直投影面，投影积聚成一线；

平面倾斜投影面，大小形状要改变。

正投影的这种投影特性，对于我们画图和看图分析时都有重要的作用。

对于一个物体来说，我们只要将它的一些主要表面放成和投影面相平行的位置，那么这些表面的投影就能反映出真实形状，所以生产上的图样，都是采用正投影原理画出来的。

现在我们再拿一块三角块来说明如何画它的正投影图。如图1-8所示，将三角块的三角形表面放成和投影面平行（这时将投影面垂直地面放置），所以它在垂直面上的投影反映了三角块前后两个三角形表面的真实形状（前后面投影重合在一起）；而三角块的其他三个表面由于和投影面垂直，因此它们的投影都积聚成一条直线，分别和三角形的三条边相重合。

在垂直面上的这个投影反映了三角块的长和高,但不能反映出三角块的宽度,就是说,从这个投影上看不出物体的宽度。

上面三角块的这种正投影的方法同我们视线正对着三角块看画出来的图形是一样的,因此在机械图上我们常把机件的正投影图称之为视图。也就是说,物体的视图是按照正投影的原理画出来的。

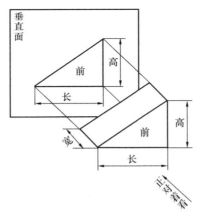

图 1-8 三角块在一个面上的投影

3. 三面视图的获得

上述一个方向的视图(正投影)还不能反映出物体的宽度,怎样才能将物体其他方向的形状和大小都表达出来呢?我们只要再从物体的上面和左面看,来画它的视图,这就相当于在上述一个投影面的基础上,加上一个水平投影面和一个右侧面,它们均与第一个投影面垂直,如图 1-9(a)所示。这三个相互垂直的投影面就好像房间内两墙壁和地面相互垂直的一个墙角一样。

然后分别对三角块向各个面作正投影,也就相当于在三个方向上看三角块所画的视图,如图 1-9 中(a)、(b)、(c)所示。

这样就得到了三角块在三个方向上的视图,如图 1-9(d)。它们分别称为主视图、俯视图和左视图,通称三视图。

在正前面摆着的投影面称正面。正面上的投影称为主视图,

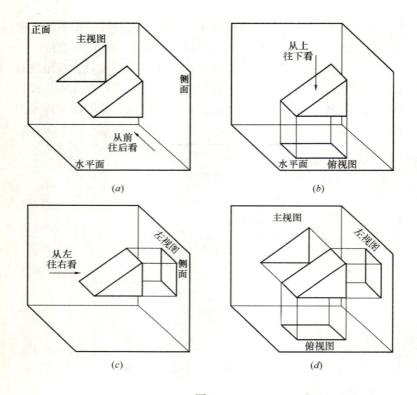

图 1-9
(a) 三角块的正面投影；(b) 三角块的水平面投影；
(c) 三角块的侧面投影；(d) 三角块三视图的获得

相当于从前往后看物体而画出的视图，它是物体的一个主要视图；水平位置的投影面称水平面，水平面上的投影，称为俯视图，相当于从上往下俯身看物体而画出的视图；在右边侧立的投影面称侧面，侧面上的投影称为左视图，相当于从左往右看物体而画出的视图。

对上面三角块的三视图进行分析可以看出，由于三角块的三角形表面垂直水平面及侧面，所以在俯视图和左视图上三角形表面都只能看见一条线，但主视图反映了三角形的真形（图 1-

10）；而三角块的顶面由于垂直正面，倾斜于水平面和侧面，所以在主视图上顶面成为一条斜线，顶面在俯视图和左视图上形状和大小都发生改变，不反映顶面的真形（图 1-11）。

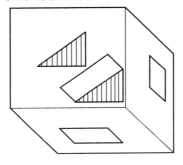 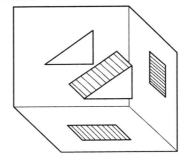

图 1-10　三角块上平行面的分析　　图 1-11　三角块上垂直面的分析

4. 三视图的投影规律

物体在三个相互垂直平面上的投影（即物体在三个方向上的视图），也是具有一定规律的。

从图 1-12 中可以看出，物体的长在主视图和俯视图上应该相同；物体的高在主视图和左视图上应该一样；物体的宽在俯视图和左视图上应该相等。

因物体的三视图分别画在三个相互垂直的面上，为了把这三个视图画在同一平面上，我们设想保持正面不动，而沿侧面和水平面交线处分开，使水平面朝下旋转 90°，使侧面向右旋转 90°和正面摊在同一平面上（图 1-13），这样便得到在同一平面上的三视图（图 1-14）。

如上所述，三视图之间必然保持有下面的投影关系：

主视图和俯视图，长对正；

主视图和左视图，高平齐；

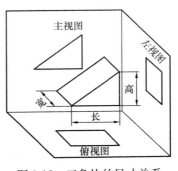

图 1-12　三角块的尺寸关系

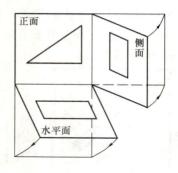
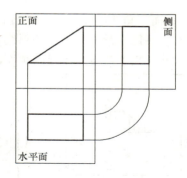

图 1-13　投影面的旋转　　　　图 1-14　旋转后的投影面

俯视图和左视图，宽相等。

也就是说：

主、俯视图左右要对齐；

主、左视图上下要一样宽；

俯、左视图前后面距离要相等。

简单讲，就是三视图具有"长对正，高平齐，宽相等"的投影关系。这是我们绘制和识读图样时所遵循的最基本的投影规律，必须深刻理解。

（二）剖视图的读法

外视图中需要用剖视表示时，每次都把它当作整体（参见图 1-16 中 A-A 剖视）。剖切平面一般都剖在孔的中心，同时和基本投影面相平行的位置。为了在图上表示剖切平面的剖切位置，我们规定采用剖切符号表示（它是两根短而粗的实线，可比粗实线粗些）。

当剖切平面位于零件的对称平面时，剖切平面位置可以不表示出来，如图 1-15 所示为错误画法。

同一个零件在各个视图中都应画成相同的方向，如有不同方向或不同间隔的剖面线，表明它就有几个零件。

图 1-16 是 C616 车床尾架压板的剖视图，我们通过这个例子

来说明剖视图的一般识图方法。

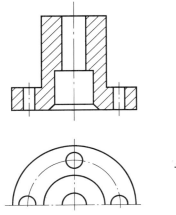 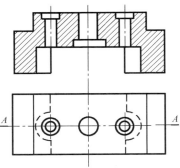

图 1-15　错误的画法　　　图 1-16　压板剖视图

剖视图也是按照视图的道理（即"长对正，高平齐，宽相等"）画出来的图形，当然前面介绍的视图识图方法，也同样适用于剖视图的识图。不过剖视图是一种特殊的假想表示方法，有其特殊的地方，即物体内部形状及层次表现得更清楚。剖视图的识图方法步骤，可概括为下面几句话：

抓主视、看大致、沿符号、找位置；

剖面线、辨虚实、对线条、定形状；

从剖视、想内形、按视图、识外廓；

分部分、想形状、合起来、想整体。

抓主视、看大致、沿符号、找位置就是说，我们看图时，首先抓住图上哪一个是主视图，然后看一下有几个视图，根据剖视的标记，找到剖切平面的位置，若无标记，说明剖切平面位于机件的对称面，对这个零件取得一个大致的认识。

从图 1-16 中我们看到有两个视图，上面一个是主视图，下面是俯视图，并可看出它的外形像一个架子的形状如图 1-17 (*a*)。主视图采取了 *A-A* 剖视，剖切平面位置可在俯视图上找到，看出它是通过三个孔的中心剖切的如图 1-17（b）。

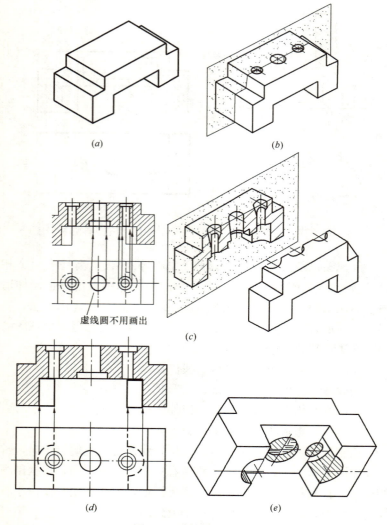

图 1-17　剖视图的读法

(a) 压板的外形；(b) 剖切平面通过孔的中心剖切；(c) 对线条，定形状；(d) 虚线表示什么呢；(e) 表示半圆形空槽

剖面线、辨虚实，对线条、定形状。对零件的形体有了一个大致的认识后，然后我们可以看出主视图上有剖面线的线框，它是表示零件上被剖到的面（即剖切平面切到的地方），而空白的线框，表示为后面的孔、槽。根据剖面线的这个特点，我们可以辨别出图上的虚、实部分（虚是指未切到的孔、槽；实是指被切到的地方）。至于后面这些孔槽是什么形状，那就可以利用对线条，定出它们的形状。图 1-17（c）表示了压板未被切到部分的孔，它的形状利用对线条就可定出。

从剖视、想内形，按视图、识外廓。图上剖视的部分，表现了压板的内部形状，它的外部轮廓，从主、俯视图的对照，就可想象出来。

图 1-17（c）对线条，定出孔的形状。

这里特别要指出的是零件图上采用了剖视后，图上一般虚线都可以不画，但是从图上不能辨识某一部分形状时，这些虚线还是要画出。如图 1-17（d）中虚线表示什么呢？我们只要利用对线条的方法，就可看出这部分是没有剖到的空白部分，这样也就想象出它是两个半圆形的空槽如图 1-17（e）。

分部分、想形状，合起来、想整体。经过上述各步的分析和思考，压板的各部分形状已经清楚，将这些想象综合起来，也就不难想象出压板的整体形状了。

（三）怎样读装配图

读装配图，最主要的是要弄清楚机器的用途，工作原理和各个零件间的关系，进而了解机器的装配（或拆卸）顺序，以便在进行装配、维修和使用时，做到心中有数。

看装配图和看零件图的方法步骤基本类似，但是，成为我们认识事物的基础的东西，则是必须注意它的特殊点，就是说，要认识到装配图不同于零件图的特殊点，就在于装配图是由多个零件装在一起画成的图，看图时就要设法将它们能够相互分开，从而搞清楚它们之间的连接关系等。怎样才能将它们相互分开呢？可从以下 3 个方面考虑将装配图上零件分开：

1. 从剖面线上区分。因为装配图上相邻两个零件的剖面线方向不同，或者方向相同但间隔不同。同一个零件的剖面线在不同视图中应一样。根据这些可以区分出一些零件来。

2. 按实心零件不剖的规定来区分。因为在装配图中，实心零件（如轴、螺栓、螺母、销、键等）被剖到以后，仍做没有剖到处理，根据这点可以区分出轴和装在轴上的各种零件，或者区分出螺栓和被连接的零件。

3. 根据零件编号结合上面两点，就可以将装配图中各个零件区分开来，然后弄清它们相互之间的连接关系，就可看懂装配图了。

现在以图 1-18 所示的虎钳装配图为例，对读装配图的方法步骤做一般的介绍。

第一步读标题栏、明细表，概括了解装配图。从标题栏内我们可以知道这是一台机用虎钳。它是用在机床上夹持工件的。从明细表可以知道这台虎钳是由 11 种、共 15 个零件装配而成。

第二步分析视图。找出视图间的关系读装配图和读零件图一样，要弄清楚采用了哪些视图，了解各视图间的关系；采用了哪些剖视、剖面，根据标记找到剖切位置和范围；还要弄清图中还采用了什么别的特殊表达方法。

从图 1-18 中看出它采用了 3 个基本视图以及 1 个局部视图和 1 个移出剖面。

主视图是全剖视，从图上未加标注和丝杠没有画剖面线，可知是通过虎钳对称面，也就是顺丝杠 8 的轴线剖开来画的。这个视图上表示各零件间的相互位置、装配关系最清楚，要了解虎钳的工作原理和运动情况，就要着重研究这个视图。其中丝杠 8 则是图中的主要零件，分析丝杆和各个零件之间的关系，就能了解整个虎钳的装配、运动情况。

左视图是半剖视，根据标注"B-B"，从主视图上可以找到

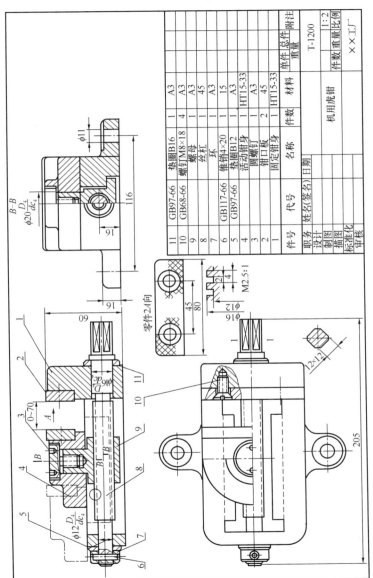

图 1-18 机用虎钳装配图

剖切位置。这个视图反映了固定钳身 1，活动钳身 4，螺母 9，螺钉 3 之间的接触配合情况。

俯视图的下半部是假想拆去活动钳身 4，螺钉 3，螺母 9 和钳口板后画出来的，这是装配图中的一种特殊表达方法：叫做"以拆卸代剖视"，或称"拆卸画法"。俯视图的右上方画了一处局部剖视，表示钳口板 2 和钳身的连接。每块钳口板用两个螺钉 10 与钳身连接，但图上只画了一处，其他的都只画了一条点划线来表示，这也是装配图中另一种特殊画法，叫做"省略简化画法"。

图中移出剖面表示丝杠 8 的右端是方头。局部放大图说明丝杠 8 上的螺纹是方牙；用 A 向局部视图单独表示钳口板 2 的形状，也是一种特殊表示方法称"单画零件"法。

第三步分析零件。了解零件的部位和装配连接关系。先对照明细表和编号，把明细表中列出的零件，根据编号指引线所指的部位，在视图（剖视、剖面）中一个一个地找到；然后根据同一个零件，不管它在哪一个剖视、剖面图中，它的剖面线应该方向相同、间隔相等这一特点，并利用投影分析，把每个零件在其他有关视图（剖视、剖面）中的部位也找到；也要根据实心零件不剖这一特点，在图中找到这些实心零件和其他零件间的关系。从图上将零件分开以后，就可以研究零件间的装配连接关系。

在工厂内读装配图，往往手头上还有一整套的零件图和零件，利用这些有利条件来读装配图，就可以更加快的读懂装配图中所表示的部件或机器的工作原理和装配关系以及拆装顺序等。

固定钳身 1 是虎钳的主体零件。从主视图看，丝杠的两个圆柱面装在固定钳身的孔内，按基孔制 4 级精度、第三种动配合装配，并用圆锥销 6 把环 7 和丝杠 8 连接起来，使丝杠 8 只能在固定钳身 1 的孔内转动。把主视图和左视图结合起来，可以清楚地看出活动钳身 4 的底面与固定钳身 1 接触，丝杠 8 上旋有螺母 9，螺母 9 的上部装在活动钳身 4 的孔中（按 20 配合），依靠圆螺钉 3 加以连接。螺母 9 可以顺着固定钳身 1 下边的长方形槽的上平面移动，它的左右两侧面与固定钳身1不接触。把主视图和俯视图结合起来，可以看出，在固定钳身1和活动钳身4的缺口上，都装有一块钳口板2，它们是靠2个螺钉10来连接的。为了避免丝杠8在旋转时，丝杠的台肩、环同固定钳身左右两端面直接摩擦，所以又装了垫圈5和垫圈11。

第四步读图总结。研究工作原理、装配拆卸顺序先研究工作原理。这个虎钳是怎样开合的呢？当用扳手（或手柄），通过方头转动丝杠8时，螺母9不能转动，只能沿丝杠8在固定钳身1的槽内移动，而螺母9是和活动钳身用圆螺钉3连接成一体的，这样螺母9就带动活动钳身4沿着固定钳身1移动。丝杠8上的螺纹是右旋的，所以扳动丝杠8顺时针转动时，钳口就闭合，夹紧工件；反之，钳口就张开，卸下工件。

主视图的左端，有一个用双点划线画的活动钳身4的外形，这是装配图中用来表示活动零件移动范围的画法，叫做"假想投影画法"。主视图中在两个钳口之间，注了一个尺寸"0～70"，这是表示该虎钳可以夹持0～70mm的工件。

然后来分析装配顺序。先将两块钳口板2，分别用螺钉10固定在两个钳身上。把活动钳身4放在固定钳身1上，然后把螺母9从固定钳身下面的长方形槽装入到活动钳身4的孔内，旋上圆螺钉3（先不要锁紧）。再把垫圈11套在丝杠8上，使丝杠8自右端穿入固定钳身1的通孔并旋入螺母9，再穿过固定钳身1的左端通孔，套上垫圈5和环7，插入圆锥销6加以连接。最后调整螺钉3的松紧，这台虎钳就装好了。至于拆卸顺序正好同上相反。

固定钳身两中心孔11；中心距116是安装尺寸；尺寸80代表了虎钳的规格。

（四）识读较复杂的动力站房类设备图

1. 读图步骤

较复杂的动力站房类设备图主要包括流程图、平面图、剖面

图、局部详图、设备结构图及基础图等,其读图步骤如下:

(1)通过系统图(流程图)全面整体了解系统全貌,校对平面图、剖面图的设备及管线,了解系统工作原理,掌握各种设备及管线的作用和流向。

(2)阅读平面图和设备表搞清楚系统有哪些主要设备和辅助设备,各自的平面位置、设备布置方向、进出口方位,主要管线输送的介质的流向及相互关联。

(3)阅读图样和技术说明中的特殊工艺和技术要求。在阅读图样时应校对各设备的标高、设备和管线的空间关联,检查相互间有无矛盾,在此基础上考虑施工工艺及顺序,必要时提出变动建议等。

2. 读图实例

在识读整套站类设备图时,一般按照"总体了解、顺序识读、前后对照、重点阅读"的读图方式进行。

(1)总体了解。一般先看图样目录、工艺系统(流程)图及设备材料表,从图名、图号、选用标准等大致了解工程概况,通过设备系统图可初步了解系统的工艺过程原理、设备名称、系统的温度、压力、流量等,并可了解管道的材质、规格、编号、输送介质种类及流向、主要控制阀门布置等。如图1-19为某氨制冷站系统图,从图中可看出该系统是由两台氨制冷压缩机、两台立式冷凝器和一个盐水箱等组成的单级压缩氨制冷系统。

(2)顺序识读、前后对照、重点阅读。对该系统有了初步了解后,即可结合识读平面图、立面图等对整个工程从平面和空间上建立起立体概念,阅读平面图可以了解到设备、管道在建筑物内的平面布置、排列和走向、坡度、管径及标高等具体尺寸和相对位置,如图1-20所示。从立(剖)面图上可了解到管道及设备在垂直高度方向上布置的具体数据,如图1-21所示。

结合识读节点图,可以对前述图样中不能清楚表达的管道系统、管件交汇结构部位经过节点放大后有明确的了解。大样图表达了一组设备或其配管的详图,它将一些细节部分展示清楚。

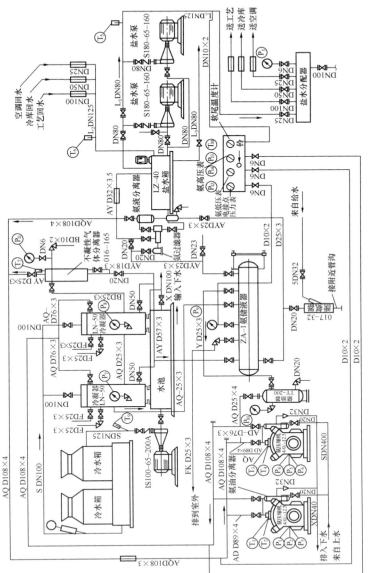

图 1-19 某氨制冷站系统图

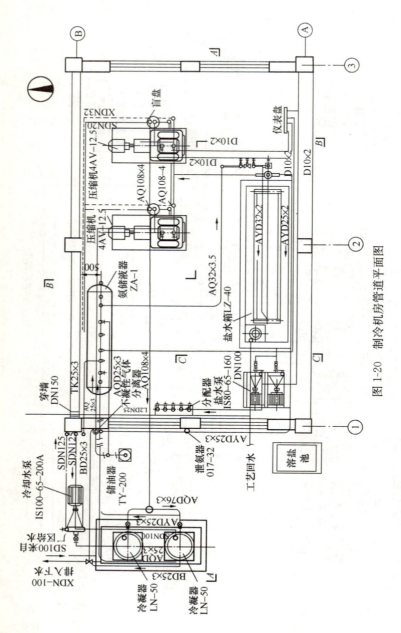

图 1-20 制冷机房管道平面图

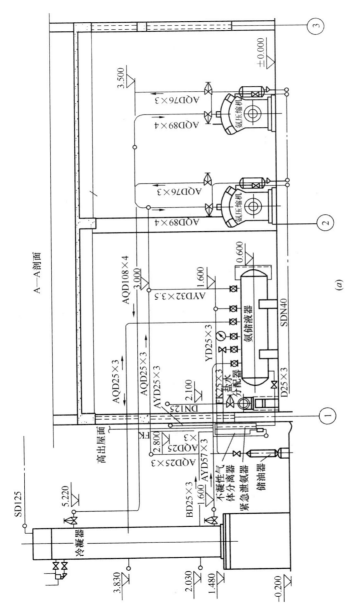

图 1-21 制冷机房管道剖面图（一）
(a) A—A 剖面

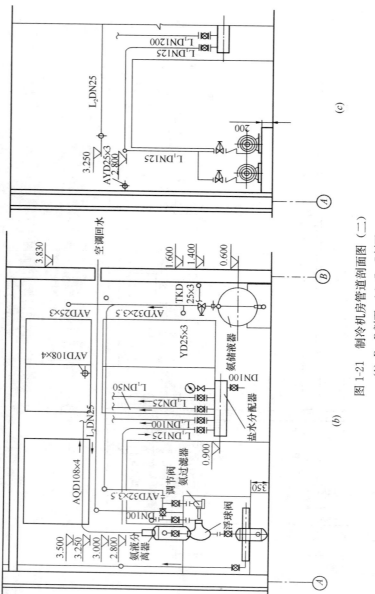

图 1-21 制冷机房管道剖面图（二）
(b) B—B 剖面；(c) C—C 剖面

（3）综合归纳。阅读站类设备图样时，一般应将各种图样、说明及技术要求结合对照进行分析阅读，从而对工程情况有比较清楚的了解，读图过程中要前后对照，并结合简图符号、施工说明等进行归纳，以便对工程总的情况及技术要求做到心中有数。

从上面的两个读图实例中可以看出，大型设备图、较复杂的动力站房类设备图等工程施工图样一般按照"总体了解、顺序识读、前后对照、重点阅读"的读图步骤进行。总体了解就是先看图样目录、设计施工说明和工艺流程图及设备一览表等，以便大致了解安装工程概况，如施工图名、选用标准、施工质量要求及验收标准要求等。顺序识读是在对工程概况有了初步了解后，仔细研读图样，先看基本图样，然后看系统图、部件图，最后再看详图或安装详图。前后对照是指读总图时，要看后面相应的部件图或零件图，弄清楚总图；读零件图时，要看总图，明确该零件在总图中的位置和作用。综合归纳十分重要，一套大型设备或较复杂的动力站房类设备施工图是由多个部分图样组成的，其图样可按专业进行划分，如采暖图、给水排水图、电气图等，因此，要有联系的综合识读，注意施工中相关方面的彼此衔接，避免设备安装时出现矛盾和安装困难，同时还应阅读与设备安装密切相关的建筑施工图等，如需要核实预留孔洞、预留构件、设备吊点等是否与施工图相符。

二、常用的量具和仪器

（一）钢直尺、内外卡钳及塞尺

1. 钢直尺

钢直尺是最简单的长度量具，它的长度有 150mm，300mm，500mm 和 1000mm 四种规格。如图 2-1 所示是常用的 150mm 钢直尺。

图 2-1 150mm 钢直尺

钢直尺用于测量零件的长度尺寸（图 2-2），它的测量结果不太准确。这是由于钢直尺的刻线间距为 1mm，而刻线本身的宽度就有 0.1～0.2mm，所以测量时读数误差比较大，只能读出毫米数，即它的最小读数值为 1mm，比 1mm 小的数值，只能估

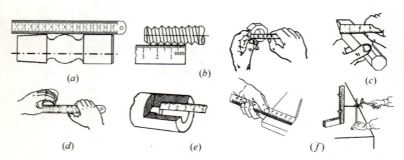

图 2-2 钢直尺的使用方法

(a) 量长度；(b) 量螺距；(c) 量宽度；(d) 量内孔；(e) 量深度；(f) 划线

计而得。

如果用钢直尺直接去测量零件的直径尺寸（轴径或孔径），则测量精度更差。其原因是：除了钢直尺本身的读数误差比较大以外，还由于钢直尺无法正好放在零件直径的正确位置。所以，零件直径尺寸的测量，也可以利用钢直尺和内外卡钳配合起来进行。

2. 内外卡钳

如图 2-3 所示是常见的两种内外卡钳。

内外卡钳是最简单的比较量具。外卡钳是用来测量外径和平面的，内卡钳是用来测量内径和凹槽的。它们本身都不能直接读出测量结果，而是把测量得的长度尺寸（直径也属于长度尺寸），在钢直尺上进行读数，或在钢直尺上先取下所需尺寸，再去检验零件的直径是否符合。

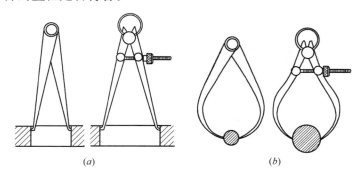

(a) (b)

图 2-3 内外卡钳
(a) 内卡钳；(b) 外卡钳

（1）卡钳开度的调节

首先检查钳口的形状，钳口形状对测量精确性影响很大，应注意经常修整钳口的形状，图 2-4 所示为卡钳钳口形状好与坏的对比。调节卡钳的开度时，应轻轻敲击卡钳脚的两侧面。先用两手把卡钳调整到和工件尺寸相近的开口，然后轻敲卡钳的外侧来减小卡钳的开口，敲击卡钳内侧来增大卡钳的开口，如图 2-5

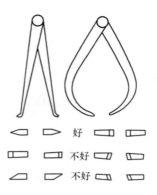

图 2-4　卡钳钳口形状好与坏的对比

(a) 所示。但不能直接敲击钳口，图 2-5 (b) 所示，这会因卡钳的钳口损伤量面而引起测量误差。更不能在机床的导轨上敲击卡钳，如图 2-5 (c) 所示。

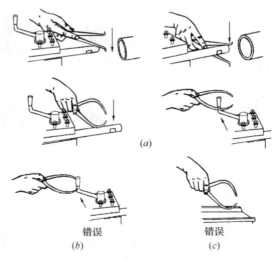

图 2-5　卡钳开度的调节

(2) 外卡钳的使用

外卡钳在钢直尺上取下尺寸时，如图 2-6 (a)，一个钳脚的测量面靠在钢直尺的端面上,另一个钳脚的测量面对准所需尺寸刻线的中间,且两个测量面的联线应与钢直尺平行,人的视线要垂直于钢直尺。

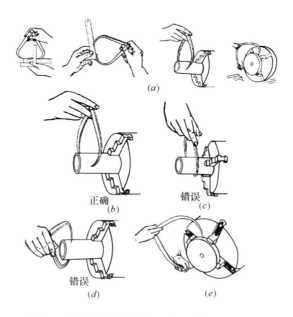

图 2-6 外卡钳在钢直尺上取尺寸和测量方法

用已在钢直尺上取好尺寸的外卡钳去测量外径时,要使两个测量面的联线垂直零件的轴线,靠外卡钳的自重滑过零件外圆时,我们手中的感觉应该是外卡钳与零件外圆正好是点接触,此时外卡钳两个测量面之间的距离,就是被测零件的外径。所以,用外卡钳测量外径,就是比较外卡钳与零件外圆接触的松紧程度,如图 2-6(b)以卡钳的自重能刚好滑下为合适。如当卡钳滑过外圆时,我们手中没有接触感觉,就说明外卡钳比零件外径尺寸大,如靠外卡钳的自重不能滑过零件外圆,就说明外卡钳比零件外径尺寸小。切不可将卡钳歪斜地放上工件测量,这样有误差。图 2-6(c)所示。由于卡钳有弹性,把外卡钳用力压过外圆是错误的，更不能把卡钳横着卡上去，图 2-6（d）所示。对于大尺寸的外卡钳，靠它自重滑过零件外圆的测量压力已经太大了，此时应托住卡钳进行测量，图 2-6（e）所示。

(3) 内卡钳的使用

用内卡钳测量内径时，应使两个钳脚的测量面的连线正好垂直相交于内孔的轴线，即钳脚的两个测量面应是内孔直径的两端点。因此，测量时应将下面的钳脚的测量面停在孔壁上作为支点，如图 2-7（a），上面的钳脚由孔口略往里面一些逐渐向外试探，并沿孔壁圆周方向摆动，当沿孔壁圆周方向能摆动的距离为最小时，则表示内卡钳脚的两个测量面已处于内孔直径的两端点了。再将卡钳由外至里慢慢移动，可检验孔的圆度公差，如图 2-7（b）所示。用已在钢直尺上或在外卡钳上取好尺寸的内卡钳去测量内径，如图 2-8（a）所示。

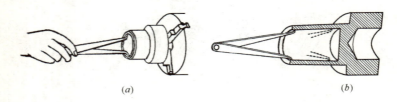

图 2-7　内卡钳测量方法

比较内卡钳在零件孔内的松紧程度。如内卡钳在孔内有较大的自由摆动时，就表示卡钳尺寸比孔径内小了；如内卡钳放不进，或放进孔内后紧得不能自由摆动，就表示内卡钳尺寸比孔径大了，如内卡钳放入孔内，按照上述的测量方法能有 1～2mm 的自由摆动距离，这时孔径与内卡钳尺寸正好相等。测量时不要用手抓住卡钳测量，如图 2-8（b）所示，这样手感就没有了，难以比较内卡钳在零件孔内的松紧程度，并使卡钳变形而产生测量误差。

(4) 卡钳的适用范围

卡钳是一种简单的量具，由于它具有结构简单、制造方便、

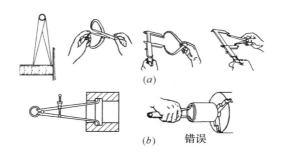

图 2-8 卡钳取尺寸和测量方法

价格低廉、维护和使用方便等特点,广泛应用于要求不高的零件尺寸的测量和检验,尤其是对锻铸件毛坯尺寸的测量和检验,卡钳是最合适的测量工具。

卡钳虽然是简单量具,只要我们掌握得好,也可获得较高的测量精度。例如用外卡钳比较两根轴的直径大小时,就是轴径相差只有 0.01mm,有经验的老师傅也能分辨得出。又如用内卡钳与外径百分尺联合测量内孔尺寸时,有经验的老师傅完全有把握用这种方法测量高精度的内孔。这种内径测量方法,称为"内卡搭百分尺",是利用内卡钳在外径百分尺上读取准确的尺寸,如图 2-9 所示,再去测量零件的内径;或内卡钳在孔内调整好与孔接触的松紧程度,再在外径百分尺上读出具体尺寸。这种测量方法,不仅在缺少精密的内径量具时,是测量内径的好办法,而且对于某零件的内径,如图 2-9 所示的零件,由于它的孔内有轴而使用精密的内径量具有困难,则应用内卡钳搭外径百分尺测量内径方法,就能解决问题。

3. 塞尺

塞尺又称厚薄规或间隙片,主要用来检验机床特别紧固面和紧固面、活塞与气缸、活塞环槽和活塞环、十字头滑板和导板、进排气阀顶端和摇臂、齿轮啮合间隙等两个结合面之间的间隙大小。塞尺是由许多层厚薄不一的薄钢片组成(图 2-10)按照塞尺的组别制成一把一把的塞尺,每把塞尺中的每片都具有两个平

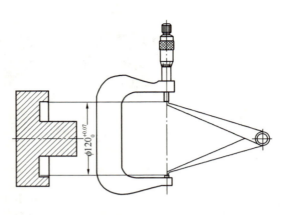

图 2-9 内卡搭外径百分尺测量内径

行的测量平面,且都有厚度标记,以供组合使用。

测量时,根据结合面间隙的大小,用一片或数片重叠在一起塞进间隙内。例如用 0.03mm 的一片能插入间隙,而 0.04mm 的一片不能插入间隙,这说明间隙在 0.03～0.04mm 之间,所以塞尺也是一种界限量规。塞尺的规格见表 2-1。

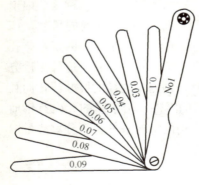

图 2-10 塞尺

图 2-11 是主机与轴系法兰定位检测,将直尺贴附在以轴系推力轴或第一中间轴为基准的法兰外圆的素线上,用塞尺测量直尺与之连接的柴油机曲轴或减速器输出轴法兰外圆的间隙 Z_X、Z_S,并依次在法兰外圆的上、下、左、右四个位置上进行测量。图 2-12 是检验机床尾座紧固面的间隙(<0.04mm)。

使用塞尺时必须注意下列几点:

(1) 根据结合面的间隙情况选用塞尺片数,片数愈少愈好;

(2) 测量时不能用力太大,以免塞尺遭受弯曲和折断;

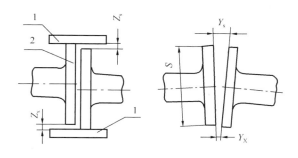

图 2-11 用直尺和塞尺测量轴的偏移和曲折
1—直尺;2—法兰

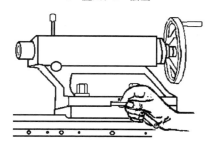

图 2-12 用塞尺检验车床尾座紧固面间隙

(3) 不能测量温度较高的工件。

塞尺的规格 表 2-1

A 型	B 型	塞尺片长度(mm)	片数	塞尺的厚度及组装顺序
组别标记				
75A13	75B13	75	13	0.02;0.02;0.03;0.03;0.04;0.04;0.05;0.05;0.06;0.07;0.08;0.09;0.10
100A13	100B13	100		
150A13	150B13	150		
200A13	200B13	200		
300A13	300B13	300		

续表

A型	B型	塞尺片长度(mm)	片数	塞尺的厚度及组装顺序
组别标记				
75A14	75B14	75	14	1.00；0.05；0.06；0.07；0.08；0.09；0.19；0.15；0.20；0.25；0.30；0.40；0.50；0.75
100A14	100B14	100		
150A14	150B14	150		
200A14	200B14	200		
300A14	300B14	300		
75A17	75B17	75	17	0.50；0.02；0.03；0.04；0.05；0.06；0.07；0.08；0.09；0.10；0.15；0.20；0.25；0.30；0.35；0.40；0.45
100A17	100B17	100		
150A17	150B17	150		
200A17	200B17	200		
300A17	300B17	300		

（二）游标读数量具

应用游标读数原理制成的量具有：游标卡尺、高度游标卡尺、深度游标卡尺、游标量角尺（如万能量角尺）和齿厚游标卡尺等，用以测量零件的外径、内径、长度、宽度，厚度、高度、深度、角度以及齿轮的齿厚等，应用范围非常广泛。

1. 游标卡尺的结构型式

游标卡尺是一种常用的量具，具有结构简单、使用方便、精度中等和测量的尺寸范围大等特点，可以用它来测量零件的外径、内径、长度、宽度、厚度、深度和孔距等，应用范围很广。

（1）游标卡尺的三种结构型式

1）测量范围为 0～125mm 的游标卡尺，制成带有刀口形的上下量爪和带有深度尺的型式，如图 2-13 所示。

2）测量范围为 0～200mm 和 0～300mm 的游标卡尺，可制成带有内外测量面的下量爪和带有刀口形的上量爪的型式，如图 2-14 所示。

3）测量范围为 0～200mm 和 0～300mm 的游标卡尺，也可

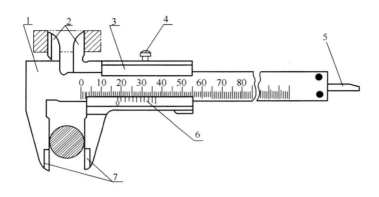

图 2-13 游标卡尺的结构型式之一
1—尺身；2—上量爪；3—尺框；4—紧固螺钉；
5—深度尺；6—游标；7—下量爪

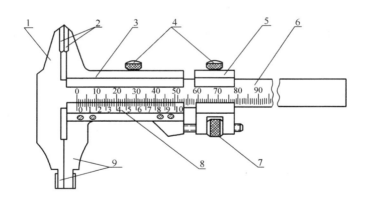

图 2-14 游标卡尺的结构型式之二
1—尺身；2—上量爪；3—尺框；4—紧固螺钉；5—微动装置；
6—主尺；7—微动螺母；8—游标；9—下量爪

制成只带有内外测量面的下量爪的型式，如图 2-15 所示。而测量范围大于 300mm 的游标卡尺，只制成这种仅带有下量爪的型式。

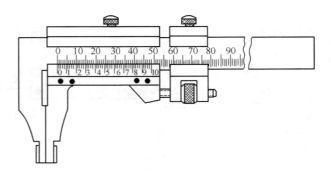

图 2-15　游标卡尺的结构型式之三

（2）游标卡尺主要组成部分

1）具有固定量爪的尺身，如图 2-14 中的 1。尺身上有类似钢尺一样的主尺刻度，如图 2-14 中的 6。主尺上的刻线间距为 1mm。主尺的长度决定于游标卡尺的测量范围。

2）具有活动量爪的尺框，如图 2-14 中的 3。尺框上有游标，如图 2-14 中的 8，游标卡尺的游标读数值可制成为 0.1、0.05 和 0.02mm 的三种。游标读数值，就是指使用这种游标卡尺测量零件尺寸时，卡尺上能够读出的最小数值。

3）在 0～125mm 的游标卡尺上，还带有测量深度的深度尺，如图 2-13 中的 5。深度尺固定在尺框的背面，能随着尺框在尺身的导向凹槽中移动。测量深度时，应把尺身尾部的端面靠紧在零件的测量基准平面上。

4）测量范围等于和大于 200mm 的游标卡尺，带有随尺框作微动调整的微动装置，如图 2-14 中的 5。使用时，先用固定螺钉 4 把微动装置 5 固定在尺身上，再转动微动螺母 7，活动量爪就能随同尺框 3 做微量的前进或后退。微动装置的作用是使游标卡尺在测量时用力均匀，便于调整测量压力，减少测量误差。

目前我国生产的游标卡尺的测量范围及其游标读数值见表 2-2。

游标卡尺的测量范围和游标卡尺读数值（mm）　　表 2-2

测量范围	游标读数值	测量范围	游标读数值
0~25	0.02；0.05；0.10	300~800	0.05；0.10
0~200	0.02；0.05；0.10	400~1000	0.05；0.10
0~300	0.02；0.05；0.10	600~1500	0.05；0.10
0~500	0.05；0.10	800~2000	0.10

2. 游标卡尺的使用方法

量具使用得是否合理，不但影响量具本身的精度，也直接影响零件尺寸的测量精度，甚至发生质量事故，对国家造成不必要的损失。所以，我们必须重视量具的正确使用，对测量技术精益求精，务必使获得正确的测量结果，确保产品质量。

使用游标卡尺测量零件尺寸时，必须注意下列几点：

（1）测量前应把卡尺揩干净，检查卡尺的两个测量面和测量刃口是否平直无损，把两个量爪紧密贴合时，应无明显的间隙，同时游标和主尺的零位刻线要相互对准。这个过程称为校对游标卡尺的零位。

（2）移动尺框时，活动要自如，不应有过松或过紧，更不能有晃动现象。用固定螺钉固定尺框时，卡尺的读数不应有所改变。在移动尺框时，不要忘记松开固定螺钉，亦不宜过松以免掉了。

（3）当测量零件的外尺寸时，卡尺两测量面的连线应垂直于被测量表面，不能歪斜。测量时，可以轻轻摇动卡尺，放正垂直位置，图 2-16 所示。否则，量爪若在如图 2-16 所示的错误位置上，将使测量结果 a 比实际尺寸 b 要大；先把卡尺的活动量爪张开，使量爪能自由地卡进工件，把零件贴靠在固定量爪上，然后移动尺框，用轻微的压力使活动量爪接触零件。如卡尺带有微动装置，此时可拧紧微动装置上的固定螺钉，再转动调节螺母，使量爪接触零件并读取尺寸。决不可把卡尺的两个量爪调节到接近甚至小于所测尺寸，把卡尺强制的卡到零件上去。这样做会使量爪变形，或使测量面过早磨损，使卡尺失去应有的精度。

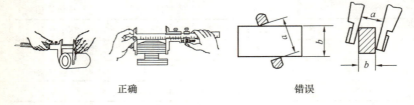

图 2-16　测量外尺寸时正确与错误的位置

测量沟槽时，应当用量爪的平面测量刃进行测量，尽量避免用端部测量刃和刀口形量爪去测量外尺寸。而对于圆弧形沟槽尺寸，则应当用刀口形量爪进行测量，不应当用平面形测量刃进行测量，如图 2-17 所示。

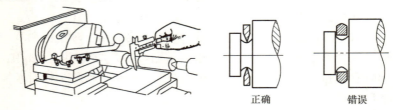

图 2-17　测量沟槽时正确与错误的位置

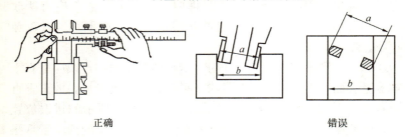

图 2-18　测量沟槽宽度时正确与错误的位置

测量沟槽宽度时，也要放正游标卡尺的位置，应使卡尺两测量刃的连线垂直于沟槽，不能歪斜。否则，量爪若在如图 2-18 所示的错误的位置上，也将使测量结果不准确（可能大也可能小）。

(4) 当测量零件的内尺寸时,如图 2-19 所示。要使量爪分开的距离小于所测内尺寸,进入零件内孔后,再慢慢张开并轻轻接触零件内表面,用固定螺钉固定尺框后,轻轻取出卡尺来读数。取出量爪时,用力要均匀,并使卡尺沿着孔的中心线方向滑出,不可歪斜,避免使量爪扭伤,变形或受到不必要的磨损,同时避免使尺框走动,影响测量精度。

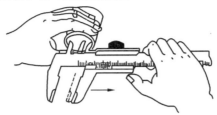

图 2-19 内孔的测量方法

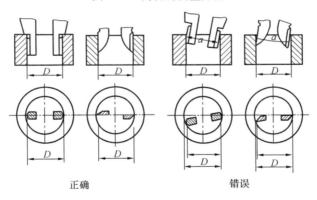

图 2-20 测量内孔时正确与错误的位置

卡尺两测量刃应在孔的直径上,不能偏歪。图 2-20 为带有刀口形量爪和带有圆柱面形量爪的游标卡尺,在测量内孔时正确的和错误的位置。当量爪在错误位置时,其测量结果,将比实际孔径 D 要小。

(5) 用下量爪的外测量面测量内尺寸时,如用图 2-14 和图 2-15 所示的两种游标卡尺测量内尺寸,在读取测量结果时,一定要把量爪的厚度加上去。即游标卡尺上的读数，加上量爪的厚度，才是被测零件的内尺寸。测量范围在 500mm 以下的游标卡尺，量爪厚度一般为 10mm。但当量爪磨损和修理后，量爪厚度就要小于 10mm，读数时这个修正值也要考虑进去。

（6）用游标卡尺测量零件时，不允许过分地施加压力，所用压力应使两个量爪刚好接触零件表面。如果测量压力过大，不但会使量爪弯曲或磨损，且量爪在压力作用下产生弹性变形，使测量得的尺寸不准确（外尺寸小于实际尺寸，内尺寸大于实际尺寸）。

在游标卡尺上读数时，应把卡尺水平的拿着，朝着亮光的方向，使人的视线尽可能和卡尺的刻线表面垂直，以免由于视线的歪斜造成读数误差。

（7）为了获得正确的测量结果，可以多测量几次。即在零件的同一截面上的不同方向进行测量。对于较长零件，则应当在全长的各个部位进行测量，务必获得一个比较正确的测量结果。

为了使读者便于记忆，更好地掌握游标卡尺的使用方法，把上述提到的几个主要问题，整理成顺口溜，供读者参考。

　　量爪贴合无间隙，主尺游标两对零。
　　尺框活动能自如，不松不紧不摇晃。
　　测力松紧细调整，不当卡规用力卡。
　　量轴防歪斜，量孔防偏歪，
　　测量内尺寸，爪厚勿忘加。
　　面对光亮处，读数垂直看。

（三）指示式量具

指示式量具是以指针指示出测量结果的量具。车间常用的指示式量具有：百分表、千分表、杠杆百分表和内径百分表等。主要用于校正零件的安装位置，检验零件的形状精度和相互位置精度，以及测量零件的内径等。

1. 百分表的结构

百分表和千分表，都是用来校正零件或夹具的安装位置检验零件的形状精度或相互位置精度的。它们的结构原理没有什么大的不同，就是千分表的读数精度比较高，即千分表的读数值为 0.001mm，而百分表的读数值为 0.01mm。车间里经常使用的是百分表，因此，本节主要是介绍百分表。

百分表的外形如图 2-21 所示。8 为测量杆，6 为指针，表盘 3 上刻有 100 个等分格，其刻度值（即读数值）为 0.01mm。当指针转一圈时，小指针即转动一小格，转数指示盘 5 的刻度值为 1mm。用手转动表圈 4 时，表盘 3 也跟着转动，可使指针对准任一刻线。测量杆 8 是沿着套筒 7 上下移动的，套筒 7 可作为安装百分表用。9 是测量头，2 是手提测量杆用的圆头，1 是表体。

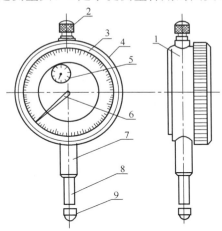

图 2-21　百分表

图 2-22 是百分表内部机构的示意图。带有齿条的测量杆 1 的直线移动，通过齿轮（Z_1、Z_2、Z_3）传动，转变为指针 2 的回转运动。齿轮 Z_4 和弹簧 3 使齿轮传动的间隙始终在一个方向，起着稳定指针位置的作用。弹簧 4 是控制百分表的测量压力的。百分表内的齿轮传动机构，使测量杆直线移动 1mm 时，指针正好

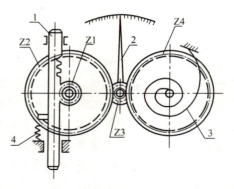

图 2-22 百分表的内部结构

回转一圈。由于百分表和千分表的测量杆是作直线移动的，可用来测量长度尺寸，所以它们也是长度测量工具。目前，国产百分表的测量范围（即测量杆的最大移动量），有 0～3mm；0～5mm；0～10mm 的 3 种。读数值为 0.001mm 的千分表，测量范围为 0～1mm。

2. 百分表和千分表的使用方法

由于千分表的读数精度比百分表高，所以百分表适用于尺寸精度为 IT6～IT8 级零件的校正和检验；千分表则适用于尺寸精度为 IT5～IT7 级零件的校正和检验。百分表和千分表按其制造精度，可分为 0、1 和 2 级 3 种，0 级精度较高。使用时，应按照零件的形状和精度要求，选用合适的百分表或千分表的精度等级和测量范围。

使用百分表和千分表时，必须注意以下几点：

（1）使用前，应检查测量杆活动的灵活性。即轻轻推动测量杆时，测量杆在套筒内的移动要灵活，没有任何轧卡现象，且每次放松后，指针能回复到原来的刻度位置。

（2）使用百分表或千分表时，必须把它固定在可靠的夹持架上（如固定在万能表架或磁性表座上，图 2-23 所示），夹持架要安放平稳，避免使测量结果不准确或摔坏百分表。

用夹持百分表的套筒来固定百分表时，夹紧力不要过大，以免因套筒变形而使测量杆活动不灵活。

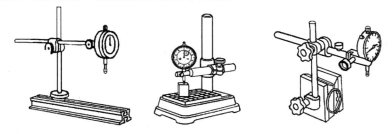

图 2-23 安装在专用夹持架上的百分表

（3）用百分表或千分表测量零件时，测量杆必须垂直于被测量表面。如图 2-24 所示。即使测量杆的轴线与被测量尺寸的方向一致，否则将使测量杆活动不灵活或使测量结果不准确。

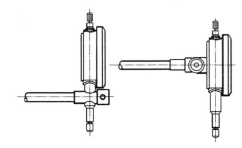

图 2-24 百分表安装方法

（4）测量时，不要使测量杆的行程超过它的测量范围；不要使测量头突然撞在零件上；不要使百分表和千分表受到剧烈的振动和撞击，亦不要把零件强迫推入测量头下，免得损坏百分表和千分表的机件而失去精度。因此，用百分表测量表面粗糙或有显著凹凸不平的零件是错误的。

（5）用百分表校正或测量零件时，如图 2-25 所示。应当使测量杆有一定的初始测力。

即在测量头与零件表面接触时，测量杆应有 0.3～1mm 的压缩量（千分表可小一点，有 0.1mm 即可），使指针转过半圈左右，然后转动表圈，使表盘的零位刻线对准指针。轻轻地拉动手提测量杆的圆头，拉起和放松几次，检查指针所指的零位有无改变。当指针的零位稳定后，再开始测量或校正零件的工作。如果是校正零件，此时开始改变零件的相对位置，读出指针的偏摆值，就是零件安装的偏差数值。

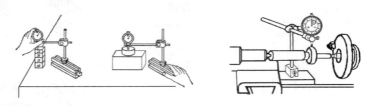

图 2-25　百分表尺寸校正与检验方法

（6）检查工件平整度或平行度时，如图 2-26 所示。将工件放在平台上，使测量头与工件表面接触，调整指针使摆动 1/3～2/3 转，然后把刻度盘零位对准指针，跟着慢慢地移动表座或工件，当指针顺时针摆动时，说明工件偏高，反时针摆动，则说明工件偏低。

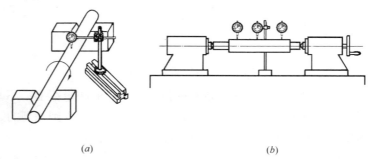

图 2-26　轴类零件圆度、圆柱度及跳动
（a）工件放在 V 形铁上；(b) 工件放在专用检验架上

当进行轴测的时候，就是以指针摆动最大数字为读数（最高点），测量孔的时候，就是以指针摆动最小数字（最低点）为读数。

检验工件的偏心度时，如果偏心距较小，可按图 2-27 所示方法测量偏心距，把被测轴装在两顶尖之间，使百分表的测量头接触在偏心部位上（最高点），用手转动轴，百分表上指示出的最大数字和最小数字（最低点）之差的就等于偏心距的实际尺寸。偏心套的偏心距也可用上述方法来测量，但必须将偏心套装在心轴上进行测量。

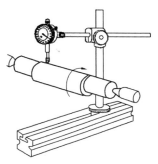

图 2-27　在两顶尖上测量偏心距的方法

偏心距较大的工件，因受到百分表测量范围的限制，就不能用上述方法测量。这时可用如图 2-28 所示的间接测量偏心距的方法。测量时，把 V 形铁放在平板上，并把工件放在 V 形铁中，转动偏心轴，用百分表测量出偏心轴的最高点，找出最高点后，工件固定不动。再用百分表水平移动，测出偏心轴外圆到基准外圆之间的距离 a，然后用下式计算出偏心距 e：

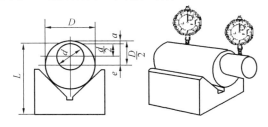

图 2-28　偏心距的间接测量方法

$$\frac{D}{2} = e + \frac{d}{2} + a \tag{2-1}$$

$$e = \frac{D}{2} - \frac{d}{2} - a \tag{2-2}$$

式中　e——偏心距（mm）；

　　　D——基准轴外径（mm）；

d——偏心轴直径（mm）；

a——基准轴外圆到偏心轴外圆之间最小距离（mm）。

用上述方法，必须把基准轴直径和偏心轴直径用百分尺测量出正确的实际尺寸，否则计算时会产生误差。

（四）水　平　仪

水平仪是测量角度变化的一种常用量具，主要用于测量机件相互位置的水平位置和设备安装时的平面度、直线度和垂直度，也可测量零件的微小倾角。

常用的水平仪有条式水平仪、框式水平仪和数字式光学合象水平仪等。

1. 条式水平仪

图 2-29 是钳工常用的条式水平仪。条式水平仪由作为工作平面的 V 型底平面和与工作平面平行的水准器（俗称气泡）两部分组成。工作平面的平直度和水准器与工作平面的平行度都做得很精确。当水平仪的底平面放在准确的水平位置时，水准器内的气泡正好在中间位置（即水平位置）。在水准器玻璃管内气泡两端刻线为零线

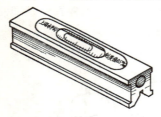

图 2-29　条式水平仪

的两边，刻有不少于 8 格的刻度，刻线间距为 2mm。当水平仪的底平面与水平位置有微小的差别时，也就是水平仪底平面两端有高低时，水准器内的气泡由于地心引力的作用总是往水准器的最高一侧移动，这就是水平仪的使用原理。两端高低相差不多时，气泡移动也不多，两端高低相差较大时，气泡移动也较大，在水准器的刻度上就可读出两端高低的差值。

条式水平仪的规格见表 2-3。条式水平仪分度值的说明，如分度值 0.03mm/m，即表示气泡移动一格时，被测量长度为 1m

的两端上，高低相差 0.03mm。再如，用 200mm 长，分度值为 0.05mm/m 的水平仪，测量 400mm 长的平面的水平度。先把水平仪放在平面的左侧，此时若气泡向右移动二格，再把水平仪放在平面的右侧，此时若气泡向左移动三格，则说明这个平面是中间高两侧低的凸平面。中间高出多少毫米呢？从左侧看中间比左端高二格，即在被测量长度为 1m 时，中间高 $2 \times 0.05 = 0.10$mm，现实际测量长度为 200mm，实际上中间比左端高 $0.10 \times 0.2 = 0.02$mm。从右侧看：中间比右端高三格，即在被测量长度为 1m 时，中间高 $3 \times 0.05 = 0.15$mm，现实际测量长度为 200mm，实际上中间比右端高 $0.15 \times 0.2 = 0.03$mm。由此可知，中间比左端高 0.02mm，中间比右端高 0.03mm，则中间比两端高出的数值为 $(0.02 + 0.03) \div 2 = 0.025$mm。

水平仪的规格　　　　表 2-3

品种	外形尺寸（mm）			分度值	
	长	阔	高	组别	（mm/m）
框式	100	25～35	100	Ⅰ	0.02
	150	30～40	150	Ⅱ	0.03～0.05
	200	35～40	200		
	250	40～50	250		
	300		300		
条式	100	30～35	35～40	Ⅲ	0.06～0.15
	150	35～40	35～45		
	200	40～45	40～50		
	250				
	300				

2. 框式水平仪

如图 2-30 是常用的框式水平仪，主要由框架 1、弧形玻璃管主水准器 2 和调整水准 3 组成。利用水平仪上水准泡的移动来测量被测部位角度的变化。

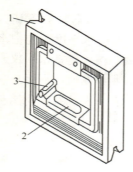

图 2-30 框式水平仪
1—框架；2—主水准器；
3—调整水准

框架的测量面有平面和 V 形槽，V 形槽便于在圆柱面上测量。弧形玻璃管的表面上有刻线，内装乙醚（或酒精），并留有一个水准泡，水准泡总是停留在玻璃管内的最高处。若水平仪倾斜一个角度，气泡就向左或向右移动，根据移动的距离（格数），直接或通过计算即可知道被测工件的直线度，平面度或垂直度误差。

框架水平仪的使用方法：

（1）框架水平仪的两个 V 形测量面是测量精度的基准，在测量中不能与工作的粗糙面接触或摩擦。安放时必须小心轻放，避免因测量面划伤而损坏水平仪和造成不应有的测量误差。

（2）用框架水平仪测量工件的垂直面时，不能握住与副侧面相对的部位，而用力向工件垂直平面推压，这样会因水平仪的受力变形，影响测量的准确性。正确的测量方法是手握持副测面内侧，使水平仪平稳、垂直地（调整气泡位于中间位置）贴在工件的垂直平面上，然后从纵向水准读出气泡移动的格数。

（3）使用水平仪时，要保证水平仪工作面和工件表面的清洁，以防止脏物影响测量的准确性。测量水平面时，在同一个测量位置上，应将水平仪调过相反的方向再进行测量。当移动水平仪时，不允许水平仪工作面与工件表面发生摩擦，应该提起来放置。如图 2-31 所示。

（4）当测量长度较大的工件时，可将工件平均分若干尺寸段，用分段测量法，然后根据各段的测量读数，绘出误差坐标图，以确定其误差的最大格数。如图 2-32 所示。床身导轨在纵向垂直平面内直线度的检验时，将方框水平仪纵向放置在刀架上靠近前导轨处（如图 2-32 中位置 A），从刀架处于主轴箱一端的极限位置开始，从左向右移动刀架，每次移动距离应近似等于水

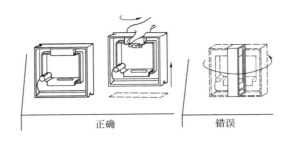

图 2-31 水平仪的使用方法

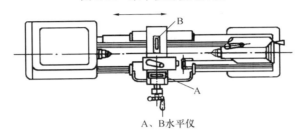

A、B水平仪

图 2-32 纵向导轨在垂直平面内的直线度检验

平仪的边框尺寸（200mm）。依次记录刀架在每一测量长度位置时的水平仪读数。将这些读数依次排列，用适当的比例画出导轨在垂直平面内的直线度误差曲线。水平仪读数为纵坐标，刀架在起始位置时的水平仪读数为起点，由坐标原点起作一折线段，其后每次读数都以前折线段的终点为起点，画出应折线段，各折线段组成的曲线，即为导轨在垂直平面内直线度曲线。曲线相对其两端连线的最大坐标值，就是导轨全长的直线度误差，曲线上任一局部测量长度内的两端点相对曲线两端点的连线坐标差值，也就是导轨的局部误差。

（五）水准仪和经纬仪

1. 水准仪及其使用方法

高程测量是测绘地形图的基本工作之一，另外大量的工程、建筑施工也必须量测地面高程,利用水准仪进行水准测量是精密测量高程的主要方法。

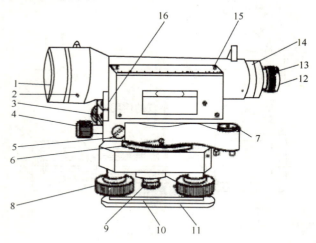

图 2-33 NS₃型水准仪

1—物镜;2—物镜座止头螺丝;3—簧片压板固定螺丝;
4—制动螺旋;5—微动螺旋弹簧座;6—紧固螺丝;
7—圆水准器;8—脚螺旋;9—紧固螺母;10—三角压板;
11—三角底板;12—透镜焦度环;13—透镜焦度环止头螺丝;
14—目镜座止头螺丝;15—护罩固定螺丝;16—连接簧片

(1) 水准仪器组合:

望远镜、调整手轮、圆水准器、微调手轮、水平制动手轮、管水准器、水平微调手轮、脚架。

(2) 操作要点:

在未知两点间,摆开三脚架,从仪器箱取出水准仪安放在三脚架上,利用三个机座螺丝调平,使圆气泡居中,跟着调平管水准器。水平制动手轮是调平的,在水平镜内通过三角棱镜反射,水平重合,就是平水。将望远镜对准未知点(1)上的塔尺,再次调平管水平器重合,读出塔尺的读数(后视),把望远镜旋转到未知点(2)的塔尺,调整管水平器,读出塔尺的读数(前视),记到记录本上。计算公式:两点高差=后视读数-前视读数。

(3) 校正方法:

将仪器摆在两固定点中间,标出两点的水平线,称为 a、b 线,移动仪器到固定点一端,标出两点的水平线,称为 a'、b'。计算如果 $a-b \neq a'-b'$ 时,将望远镜横丝对准偏差一半的数值。用校针将水准仪的上下螺钉调整,使管水平泡吻合为止。重复以上做法,直到相等为止。

(4) 水准仪的使用方法

水准仪的使用包括:水准仪的安置、粗平、瞄准、精平、读数五个步骤。

1) 安置。安置是将仪器安装在可以伸缩的三脚架上并置于两观测点之间。首先打开三脚架并使高度适中,用目估法使架头大致水平并检查脚架是否牢固,然后打开仪器箱,用连接螺旋将水准仪器连接在三脚架上。

2) 粗平。粗平是使仪器的视线粗略水平,利用脚螺旋置圆水准气泡居于圆指标圈之中。具体方法用仪器练习。在整平过程中,气泡移动的方向与大拇指运动的方向一致。

3) 瞄准。瞄准是用望远镜准确地瞄准目标。首先是把望远镜对向远处明亮的背景,转动目镜调焦螺旋,使十字丝最清晰。再松开固定螺旋,旋转望远镜,使照门和准星的连接对准水准尺,拧紧固定螺旋。最后转动物镜对光螺旋,使水准尺的清晰地落在十字丝平面上,再转动微动螺旋,使水准尺的像靠于十字竖丝的一侧。

4) 精平 精平是使望远镜的视线精确水平。微倾水准仪,在水准管上部装有一组棱镜,可将水准管气泡两端,折射到镜管旁的符合水准观察窗内,若气泡居中时,气泡两端的象将符合成一抛物线形,说明视线水平。若气泡两端的象不相符合,说明视线不水平。这时可用右手转动微倾螺旋使气泡两端的象完全符合,仪器便可提供一条水平视线,以满足水准测量基本原理的要求。注意气泡左半部份的移动方向,总与右手大拇指的方向不一致。

5) 读数 用十字丝,截读水准尺上的读数。现在的水准仪多是倒像望远镜,读数时应由上而下进行。先估读毫米级读数,后报出全部读数。注意,水准仪使用步骤一定要按上面顺序进行,不能颠倒,特别是读数前的符合水泡调整,一定要在读数前进行。

（5）水准仪的测量

测定地面点高程的工作,称为高程测量。高程测量是测量的基本工作之一。高程测量按所使用的仪器和施测方法的不同,可以分为水准测量、三角高程测量、GPS 高程测量和气压高程测量。水准测量是目前精度最高的一种高程测量方法,它广泛应用于国家高程控制测量、工程勘测和施工测量中。

（6）保养与维修

1) 水准仪是精密的光学仪器,正确合理使用和保管对仪器精度和寿命有很大的作用;

2) 避免阳光直晒,不许可证随便拆卸仪器;

3) 每个微调都应轻轻转动,不要用力过大,镜片、光学片不准用手触片;

4) 仪器有故障,由熟悉仪器结构者或修理部修理;

5) 每次使用完后,应对仪器擦干净,保持干燥。

2. 经纬仪及其使用方法

（1）经纬仪

经纬仪是测量工作中的主要测角仪器。由望远镜、水平度盘、竖直度盘、水准器、基座等组成。

测量时,将经纬仪安置在三脚架上,用垂球或光学对点器将仪器中心对准地面测站点上,用水准器将仪器定平,用望远镜瞄准测量目标,用水平度盘和竖直度盘测定水平角和竖直角。按精度分为精密经纬仪和普通经纬仪;按读数设备可分为光学经纬仪和游标经纬仪;按轴系构造分为复测经纬仪和方向经纬仪。此外,有可自动按编码穿孔记录度盘读数的编码度盘经纬仪;可连续自动瞄准空中目标的自动跟踪经纬仪;利用陀螺定向原理迅速独立测定地面点方位的陀螺经纬仪和激光经纬仪;具有经纬仪、子午仪和天顶仪三种作用的供天文观测的全能经纬仪;将摄影机与经纬仪结合一起供地面摄影测量用的摄影经纬仪等。

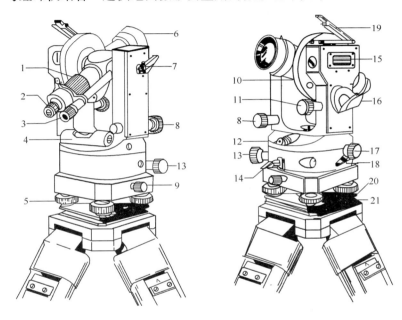

图 2-34 DJ$_6$ 光学经纬仪

1—对光螺旋;2—目镜;3—读数显微镜;4—照准部水准管;5—脚螺旋;6—望远镜物镜;7—望远镜制动螺旋;8—望远镜微动螺旋;9—中心锁紧螺旋;10—竖直度盘;11—竖盘指标水准管微动螺旋;12—光学对中器目镜;13—水平微动螺旋;14—水平制动螺旋;15—竖盘指标水准管;16—反光镜;17—度盘变换手轮;18—保险手柄;19—竖盘指标水准管反光镜;20—托板;21—压板

DJ$_6$ 经纬仪是一种广泛使用在地形测量、工程及矿山测量中的光学经纬仪。主要由水平度盘、照准部和基座三大部分组成。

1) 基座部分

用于支撑基照准部,上有三个脚螺旋,其作用是整平仪器。

2) 照准部

照准部是经纬仪的主要部件,照准部部分的部件有水准管、光学对点器、支架、横轴、竖直度盘、望远镜、度盘读数系统等。

3) 度盘部分

DJ6光学经纬仪度盘有水平度盘和垂直度盘,均由光学玻璃制成。水平度盘沿着全圆从0°~360°顺时针刻画,最小格值一般为1°或30′。

(2) 经纬仪的安置方法

1) 三脚架调成等长并适合操作者身高,将仪器固定在三脚架上,使仪器基座面与三脚架上顶面平行。

2) 将仪器舞摆放在测站上,目估大致对中后,踩稳一条架脚,调好光学对中器目镜(看清十字丝)与物镜(看清测站点),用双手各提一条架脚前后、左右摆动,眼观对中器使十字丝交点与测站点重合,放稳并踩实架脚。

3) 伸缩三脚架腿长整平圆水准器。

4) 将水准管平行两定平螺旋,整平水准管。

5) 平转照准部90度,用第三个螺旋整平水准管。

6) 检查光学对中,若有少量偏差,可打开连接螺旋平移基座,使其精确对中,旋紧连接螺旋,再检查水准气泡居中。

(3) 度盘读数方法

光学经纬仪的读数系统包括水平和垂直度盘、测微装置、读数显微镜等几个部分。水平度盘和垂直度盘上的度盘刻划的最小格值一般为1°或30′,在读取不足一个格值的角值时,必须借助测微装置,DJ6级光学经纬仪的读数测微器装置有测微尺和平行玻璃测微器两种。

1) 测微尺读数装置

目前新产DJ6级光学经纬仪均采用这种装置。

在读数显微镜的视场中设置一个带分划尺的分划板，度盘上的分划线经显微镜放大后成像于该分划板上，度盘最小格值（60′）的成像宽度正好等于分划板上分划尺1°分划间的长度，分划尺分60个小格，注记方向与度盘的相反，用这60个小格去量测度盘上不足一格的格值。量度时以零零分划线为指标线。

2）单平行玻璃板测微器读数装置

单平行玻璃板测微器的主要部件有：单平行板玻璃、扇形分划尺和测微轮等。这种仪器度盘格值为30′，扇形分划尺上有90个小格，格值为$30'/90=20''$。

测角时，当目标瞄准后转动测微轮，用双指标线夹住度盘分划线影像后读数。整度数根据被夹住的度盘分划线读出，不足整度数部分从测微分划尺读出。

3）读数显微镜

光学经纬仪读数显微镜的作用是将读数成像放大，便于将度盘读数读出。

4）水准器

光学经纬仪上有2～3个水准器，其作用是使处于工作状态的经纬仪垂直轴铅垂、水平度盘水平，水准器分管水准器和圆水准器两种。

① 管水准器

管水准器安装在照准部上，其作用是仪器精确整平。

② 圆水准器

圆水准器用于粗略整平仪器。它的灵敏度低，其格值为$8''/2mm$。

（六）量具的维护和保养

正确地使用精密量具是保证产品质量的重要条件之一。要保持量具的精度和它工作的可靠性，除了在使用中要按照合理的使用方法进行操作以外，还必须做好量具的维护和保养工作。

1. 在机床上测量零件时,要等零件完全停稳后进行,否则不但使量具的测量面过早磨损而失去精度,且会造成事故。尤其是车工使用外卡时,不要以为卡钳简单,磨损一点无所谓,要注意铸件内常有气孔和缩孔,一旦钳脚落入气孔内,可把操作者的手也拉进去,造成严重事故。

2. 测量前应把量具的测量面和零件的被测量表面都要揩干净,以免因有脏物存在而影响测量精度。用精密量具如游标卡尺、百分尺和百分表等,去测量锻铸件毛坯,或带有研磨剂(如金刚砂等)的表面是错误的,这样易使测量面很快磨损而失去精度。

3. 量具在使用过程中,不要和工具、刀具如锉刀、榔头、车刀和钻头等堆放在一起,免碰伤量具。也不要随便放在机床上,免因机床振动而使量具掉下来损坏。尤其是游标卡尺等,应平放在专用盒子里,免使尺身变形。

4. 量具是测量工具,绝对不能作为其他工具的代用品。例如拿游标卡尺划线,拿百分尺当小榔头,拿钢直尺当起子旋螺钉,以及用钢直尺清理切屑等都是错误的。把量具当玩具,如把百分尺等拿在手中任意挥动或摇转等也是错误的,都是易使量具失去精度的。

5. 温度对测量结果影响很大,零件的精密测量一定要使零件和量具都在20℃的情况下进行测量。一般可在室温下进行测量,但必须使工件与量具的温度一致,否则,由于金属材料的热胀冷缩的特性,使测量结果不准确。

6. 温度对量具精度的影响亦很大,量具不应放在阳光下或床头箱上,因为量具温度升高后,也量不出正确尺寸。更不要把精密量具放在热源(如电炉,热交换器等)附近,以免使量具受热变形而失去精度。

7. 不要把精密量具放在磁场附近,例如磨床的磁性工作台上,以免使量具感磁。

8. 发现精密量具有不正常现象时,如量具表面不平、有毛刺、有锈斑以及刻度不准、尺身弯曲变形、活动不灵活等等，使用者不应当自行拆修，更不允许自行用榔头敲、锉刀锉、砂布打光等粗糙办法修理，以免反而增大量具误差。发现上述情况，使用者应当主动送计量站检修，并经检定量具精度后再继续使用。

9. 量具使用后，应及时揩干净，除不锈钢量具或有保护镀层者外，金属表面应涂上一层防锈油，放在专用的盒子里，保存在干燥的地方，以免生锈。

10. 精密量具应实行定期检定和保养，长期使用的精密量具，要定期送计量站进行保养和检定精度，以免因量具的示值误差超差而造成产品质量事故。

三、设备安装基础知识

（一）划　　线

划线是根据图样要求，在工件表面上划出加工界线的操作。

1. 划线的作用、种类和工具

（1）划线的作用

1）确定工件上各加工面的位置，合理分配加工余量，切削加工时有明确的尺寸界线标志，在板料上按划线下料，可做到正确排料，合理使用材料。

2）检测毛坯形状尺寸，剔除不合格毛坯。

3）通过找正和借料补救各种铸、锻毛坯件形状歪斜、偏心、各部分壁厚不均匀等缺陷。

（2）划线种类

划线分平面划线和立体划线两种，如图 3-1 所示。

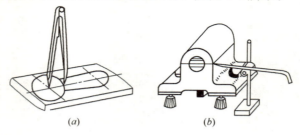

图 3-1　划线的种类
(a) 平面划线；(b) 立体划线

平面划线是只需要在工件的一个表面上划线，即能明确表示出工件的加工界线的划线方法。立体划线指要同时在工件的几个不同方向的表面上划线，才能明确表示出工件的加工界线的划线方法。立体划线在很多情况下用于对铸、锻毛坯划线。

（3）划线工具

钳工常用的划线工具有钢直尺、划线平板、划针、划线盘、游标高度尺、划规、样冲、角尺和角度规及支持工具等。

2. 划线操作

（1）划线前的准备

1）做好毛坯或工件的清理工作。对于铸件毛坯，应事先将毛坯上的残余型砂、毛刺、浇注系统及冒口清理、錾平，并且锉平需要划线部位的表面；对于锻造毛坯，应除去氧化皮并且锉平需要划线部位的表面；对于经过细加工的半成品，若表面有锈蚀，应用钢丝刷将浮锈刷净，修去毛刺，擦净油污。

2）细分析零件图样。了解工件需要加工的部位和技术要求，确定各个方向的划线尺寸基准。

3）根据工作的不同材料，在工件的划线部位涂上合适的涂料。

4）擦净划线平板，准备好划线工具。

（2）划线基准

划线基准是指在划线时用来确定土件上的各部分尺寸、几何形状对位置的点、线、面基准。

1）划线基准的选择原则。合理地选择划线基准是做好划线工作关键。通常选择工件的平面、对称中心面或线、重要工作面作为划线基准。

2）常用的划线基准

① 以两个相互垂直的平面或直线为划线基准，如图 3-2（a）所示。

② 以两个相互垂直的中心线为划线基准，如图 3-2（b）所示。

③ 以一个平面和一条中心线为划线基准，如图 3-2（c）所示。

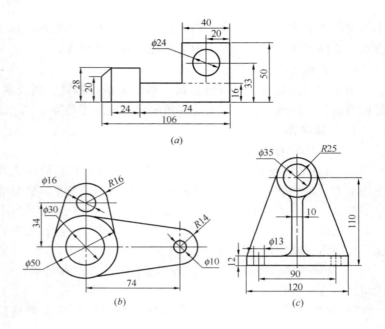

图 3-2 划线基准的选择
(a) 以两个相互垂直的平面(或直线)为划线基准;
(b) 以两个相互垂直的中心线为划线基准;
(c) 以两个相互垂直的中心线为划线基准

3) 基准选择注意事项

① 划线基准应与设计基准相重合。设计基准指在零件图上用来确定其他点、线、面位置的基准。在选择划线基准时,应先分析图样,找出设计基准,使划线基准与设计基准尽量一致,这样能够直接量取划线尺寸,简化换算过程和减少划线误差。

② 由于划线时,零件的每一个方向的尺寸都需要一个基准,因此,平面划线时一般要选择三个划线基准。一般选两个划线基准,而立体划线时一般要选择三个划线基准。

(3) 划线时的找正和借料

1) 找正。找正就是利用划线工具(如划线盘、角尺、单脚规等)使工作上有关的毛坯的表面处于合适的位置。对于毛坯工件，划线前一般都要先做好找正工作。找正的目的如下：当毛坯上有不加工表面时，通过找正后再划线，可使加工表面与不加工表面之间保持尺寸均匀；当工件上有两个以上的不加工表面时应选择其中面积较大、较重要的或外观质量要求较高的为主要找正依据，并兼顾其他较次要的不加工表面，使划线后加工表面与不加工表面之间的尺寸，如壁厚、凸台的高低等都尽量均匀和符合要求，而把无法弥补的误差反映到较次要的部位上去；当毛坯上没有不加工的表面时通过对各加工表面自身位置的找正后再划线，可使各加工表面的加工余量合理和均匀地分布，而不致出现过于悬殊的状况。由于毛坯各表面的误差和工件结构形状不同，划线时的找正要按工件的实际情况进行。

2）借料。通过试划调整，使各个加工面的加工余量合理分配，互相借用，从而保证各个加工表面都有足够的加工余量，而误差和缺陷可在加工后排除。当铸、锻件毛坯在形状、尺寸和位置上的误差缺陷。用找正后的划线方法不能补救时，就要用借料的方法来解决。要做好借料划线。首先要知道待划线毛坯误差程度，确定需要借料的方向和大小，这样才能提高划线效率。如果毛坯误差超出许可范围，就不能利用借料来补救了。当在坯料上出现某些缺陷的情况下，采用借料划线可以使误差不大的毛坯得到补救，使加工后的零件仍能符合要求。对复杂工件在机床上安装，可以按划线找正定位。

划线时的找正和借料这两项工作是密切结合进行的，找正和借料必须相互兼顾，使各方面都满足要求，不能只考虑一方面，忽略其他方面。

（二）金属的錾削、锯割和锉削

1. 金属的錾削和锯割

（1）金属的錾削

錾削就是用锤子敲击錾子对工件进行切削加工。錾削的基本原理是利用錾子的楔角楔入金属达到錾掉或錾断金属的目的。

1) 錾削具备的条件

包括：刀具切削刃的硬度比工件材料的硬度要高；刀具的切削部位成楔角；錾子与工件应保持正确的切削角度，如图3-3所示。

特别提示：一般情况下 $\alpha = 5° \sim 8°$。α 角过大錾子会扎进工作，α 角过小錾子会从工件表面滑脱。

2) 錾削工具

① 锤子

锤子是钳工常用的重要敲击工具，锤子一般分为硬头锤和软头锤两种，硬头锤用碳素工具钢T7制成。软头锤的锤头用铅、铜、硬木、牛皮或橡皮制成，多用于装配和矫正工作。

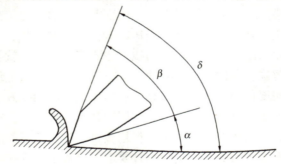

图3-3 錾削角度

α—后角；β—錾子锲角

锤子的规格以锤头的质量来表示，有0.25kg、0.5kg、0.75kg和1kg等。

② 錾子。a. 錾子的结构。錾子由头部、錾身及切削部分三部分组成。头部做成圆锥形，有一定的锥度，顶端略带球形，以便锤击时作用力容易通过錾子中心线，使锤击时的作用力方向朝着刃口的錾切方向，錾子容易保持平稳。錾身（柄部）多数呈八棱形，便于控制握錾方向，以防止錾削时錾子转动。切削部分由

前刀面、后刀面和切削刃组成。前刀面指切削时，切屑从錾子上流出的表面。后刀面指切削时，錾子上与工件已加工表面相对的面。切削刃指前刀面与后刀面的交线，它担负着主要的切削工作。b. 錾子的材料。錾子是錾削工件的刀具，用碳素工具钢（T7A 或 T8A）经锻造成形后再进行刃磨和热处理而成。切削部分经热处理后硬度可达 56～62HRC。

常用的錾子有扁錾、尖錾、油槽錾三种，如图 3-4 所示。扁錾（阔錾）主要用来錾削平面、去毛刺和分割板料等。尖錾（狭錾）主要用于錾槽和分割曲线形板料。

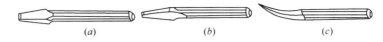

图 3-4　錾子的种类
（a）扁錾；（b）尖錾；（c）油槽錾

3）錾削操作

① 握锤的方法。分紧握法和松握法，如图 3-5 所示。

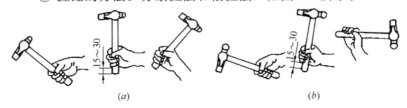

图 3-5　握锤方法
（a）紧握法；（b）松握法

② 挥锤的方法。有腕挥、肘挥和臂挥三种，如图 3-6 所示。

③ 錾子的握法。分正握法、反握法两种，如图 3-7 所示。

正握法手心向下，腕部伸直，用中指、无名指握住錾子，小指自然合拢，食指和大拇指作自然伸直地松靠，錾子头部伸出约 20mm。常用于正面錾削、大面积强力錾削等场合。

反握法手心向上，手指自然捏住錾子，手掌悬空。常用于侧

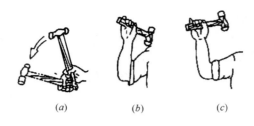

图 3-6 挥锤方法
(a) 腕挥；(b) 肘挥；(c) 臂挥

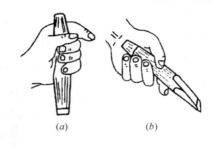

图 3-7 握錾方法
(a) 正握法；(b) 反握法

面錾切、剔毛刺及使用较短小錾子的场合。

④ 錾削时操作者站立的位置。两腿自然站立，身体重心稍微偏于后脚。身体与台虎钳中心线大致成 45°角，且略向前倾；左脚跨前半步（左右两脚后跟之间的距离为 250～300mm），脚掌与台虎钳成 30°角，膝盖处稍有弯曲，保持自然；右脚要站稳伸直，不要过于用力，脚掌与台虎钳成 75°角；视线要落在工件的切削部位上。

⑤ 起錾方式。有斜角起錾和正面起錾两种。a. 斜角起錾。在工件的边缘尖角处，将錾子放成负角，錾出一个斜面，然后再按正常的錾削角度錾削。在錾削平面时，应采用斜角起錾的方法。b. 正面起錾。将錾子的全部刃口贴住工件錾削部位的端面。錾出一个斜面然后再按正常角度錾削。在錾削槽时，则必须采用正面起錾的方法。

4) 錾削安全注意事项

① 工件必须用台虎钳夹紧，一般錾削表面应高于钳口 10mm 左右，底面若与钳身未靠牢，则须加木块垫衬。

② 錾削时，钳桌上必须装防护网。

③ 錾子要经常刃磨锋。过钝的錾子不但錾削费力,而且錾出的表面不平整,还容易发生因打滑而引起手部划伤的事故。

④ 发现錾子的头部出现明显的毛刺造成翻边时,要及时磨去以避免碎裂伤人。

⑤ 发现锤子的木柄有松动现象或损坏时,要及时装牢或更换,以免锤头脱落伤人。

⑥ 要防止錾屑飞出伤人,必要时操作者可戴防护眼镜,并设防护网。

⑦ 錾屑要用刷子清理,不能用手去抹或用嘴去吹。

(2) 金属的锯割

锯割是用锯子对工件材料进行分割或在工件上形出沟槽的操作,主要用于锯断各种原材料或半成品,锯除工件上的多余部分,在工件上锯槽等。

1) 锯割工具。常用锯割工具为手锯,由锯弓和锯条两部分组成。

① 锯弓。用于安装锯条,分为固定式锯弓和可调式锯弓两种如图 3-8 所示,固定式锯弓安装距离可以调整,能安装几种不同长度的锯条。

② 锯条。锯条一般用碳素工具钢、合金工具钢冷轧制成,并经热处理淬硬。锯齿的粗细是以锯条,每 25mm 长度内的齿数来表示的,根据锯齿的牙锯大小,锯条有细齿(1.1mm)、中

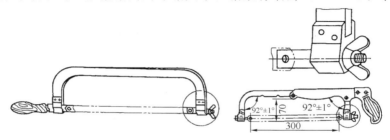

图 3-8 锯弓
(a) 固定式;(b) 可调式

齿（1.2mm）、粗齿（1.4mm）之分。使用时应根据所锯材料的软硬、厚薄来选用。锯条的规格以两端安装孔的中心距来表示，有150mm、200mm、400mm 几种规格，常用的为300mm。随着长度增加，宽度由10mm 增至25mm，厚度由0.6mm 增至1.25mm。锯条规格一般根据工件大小选择。

2）锯削加工

① 锯条的选用。软而厚的工件用粗齿锯条，硬而薄的工件应用细齿锯条，具体选用方法见表3-1。

锯条选用　　　　　　　　　　　　表 3-1

锯条的规格	用　　　途
粗齿	锯较低硬度的钢、铝、纯铜
中齿	锯一般材料以及中等硬度的钢、硬度较高的轻金属、厚壁管、较厚的型钢
细齿	锯小而薄的型钢、板料、薄壁管、电缆及硬度较高的金属

② 锯条的安装。应使锯条齿尖的方向朝前（见图 3-9），松紧适当。锯条的松紧也要控制适当，由锯弓上的翼形螺母调节。太紧时锯条受预拉伸力太大，在锯割中用力稍有不当就会崩断；太松则锯割时锯条容易扭曲、折断，锯缝易歪斜。其松紧程度以可用手扳动锯条，感觉硬实为宜。锯条安装后，要保证锯条平面与锯弓中心平面平行，不得倾斜和扭曲，否则，锯割时锯缝极易歪斜。装好的锯条应与锯弓保持在同一中心面内，这样容易使锯缝正直。

③ 工件的夹持。工件一般应夹在台虎钳的左面，以便操作，

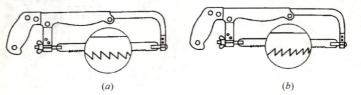

图 3-9　锯条的安装
(a) 正确；(b) 错误

工件伸出钳口的部分不应过长；应使锯缝离开钳口侧面约20mm，否则工件在锯割时会产生振动，锯缝要与钳口侧面保持平行（使锯缝与铅垂线方向一致）。工件夹紧要牢靠，避免锯削工件移动或使锯条折断，同时要避免将工件夹变形和夹坏已加工面。操作者站立姿势，两腿自然站立，身体重心稍微偏于后脚；身体与台虎钳中心线大致成45°角，且略向前倾；左脚跨前半步（左右两脚后跟之间的距离为250～30mm），脚掌与台虎钳成30°角，膝盖处稍有弯曲，保持自然；右脚要站稳伸直，不要过于用力，脚掌与台虎钳成75°角；视线要落在工件的锯割部位上。

④ 锯子握法。右手满握锯柄，左手呈虎口状，拇指压住锯梁背部，其他四指轻扶在锯弓前端，如图3-10所示。

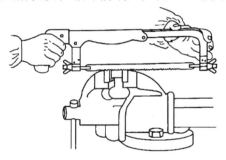

图3-10 锯子的握法

⑤ 锯割动作。推锯时身体上部稍向前倾，给锯子以适当的压力完成锯削。拉锯时不切削，应将锯稍微提起，以减少锯齿的磨损。推锯时推力和压力均由右手控制，左手几乎不加压力，主要配合右手起扶正锯弓的作用。锯子推出时为切削行程，应施加压力。锯子退回行程时全齿不参加切削，只作自然拉回，不施加压力，以免锯齿磨损。工件将要锯断时压力要小。

⑥ 起锯方法。起锯有远起锯和近起锯两种，如图3-11所示。近起锯指锯条在工件的近端开始切入的起锯方法，远起锯指锯条在工件的远端开始切入的起锯方法一般情况下采用远起锯较好，远起锯时锯齿是逐步切入材料，锯齿不易卡住，起锯也较

方便。

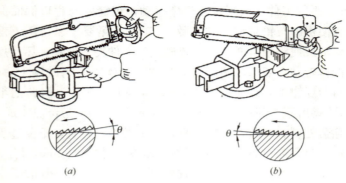

图 3-11 起锯方法
(a) 远起锯；(b) 近起锯

起锯时，左手拇指靠住锯条，使锯条能正确地锯在所需要的位置上，行程要短，压力要小，速度要慢。起锯角度约为 15°。如果起锯角太大，则起锯不易平稳。早近起锯时锯齿会被工件棱边卡住引起崩裂。起锯角也不宜太小，否则锯齿与工件同时接触的齿数较多，不易切入材料，多次起锯往往容易发生偏离，使工件表面锯出许多锯痕，影响表面质量。

锯到槽深 2~3mm 有，锯条已不会滑出槽外，左手拇指可离开锯条，扶正锯弓逐渐使锯痕向后（向前）成为水平，然后往下正常锯割。正常锯割时应使锯条的全部有效齿在每次行程中都参加锯割。

⑦ 锯割行程和速度。锯割行程指锯条在工件上走过的有效长度，通常不小于锯条全长的 2/3。锯割行程太短，锯条局部磨损加快，锯条寿命缩短，甚至会因局部磨损，锯缝变窄，造成锯条卡死和折断。锯割速度指锯条每分钟往返运动的次数，一般以 20~40 次 min 为宜。锯割硬材料要慢些，锯割软材料要快些，同时锯割行程应保持均匀，返回行程的速度应相对快些，以提高锯割效率。

3) 锯割方法

① 棒料的锯割。锯割棒料时,可分别从两边或四周锯割。如果锯割的断面要求平整,则应从开始连续锯到结束。若锯出的断面要求不高,可分别从两边或四周锯割,最后留下中心部分用锤子打断。

② 管子的锯割(见图 3-12)。锯割管料时,可转动管料沿四周锯割。锯割管子前,可划出垂直于轴线的锯割线,由于锯割时对划线的精度要求不高,最简单的方法可用矩形纸条(划线边必须直)按锯割尺寸绕住工件外圆,然后用滑石划出。锯割时必须把管子夹正,对于薄壁管子和精加工过的管子,应夹在有 v 形槽的两木衬垫之间,以防将管子夹扁和夹坏表面。锯割薄壁管子时不可在一个方向从开始连续锯割到结束,否则锯齿易被管壁钩住而崩裂,正确的方法应是先在一个方向锯到管子内壁处,然后把管子向推锯的方向转过一定角度,并连接原锯缝再锯到管子的内壁处,如此逐渐改变方向不断转锯,直到锯断为止。

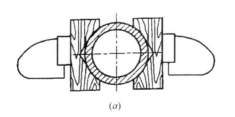 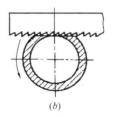

(a) (b)

图 3-12 管子的锯割
(a) 管子的夹持;(b) 转位锯

③ 薄板料的锯割(见图 3-13)。锯割挪板料时,可将夹在两木板间连同板料一起锯割或横向倾斜锯割。锯割时尽可能从宽面上锯下去。当只能在板料的窄面上锯下去,可用两块木板夹持,连木块一起锯下,避免钩住锯齿,同时也增加了板料的刚度,使锯割时不会颤动。也可以把薄板料直接夹在台虎钮上,横向斜推锯,使锯齿与薄板接触的齿数增加,避免锯齿崩裂。

图 3-13　薄板料锯割

④ 深缝锯割（见图 3-14）。深缝可视情况变换锯条的角度进行锯割。当锯缝的深度超过锯弓的高度时，应将锯条转过 90°重新安装，使锯弓转到工件的旁边，平握锯柄进行锯割。当锯弓横下来其高度仍不够时，也可把锯条安装成锯齿朝向锯弓内部进行锯割。

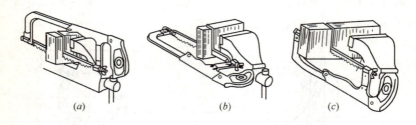

图 3-14　深缝锯割

4）锯割安全注意事项

① 在锯割钢件时，可加些机油，以减少锯条与锯割断面的摩擦并能冷却锯条，以提高锯条的使用寿命。

② 锯条安装要松紧适当，锯割时不要突然摆动过大、用力过猛，防止工作中锯条折断从锯弓上崩出伤人。

③ 当锯条局部几个齿崩裂后，应及时在砂轮机上进行修整，即将相邻的 2～3 齿磨低成凹圆弧，并把已断齿部磨光。如不及时处理，会使崩裂齿的后面各齿相继崩裂。

④ 工件将锯断时，压力要小，避免压力大使工件突然断开，

手向前冲造成事故。一般工件将锯断时,要用左手扶住工件断开部分,避免掉下砸伤脚。

2. 金属的锉削

用锉刀对工件表面进行切削加工的方法称为锉削。

(1) 锉削的工作范围

锉削的工作范围较广,可以加工工件的内外平面、内外曲面、内外角、沟槽和各种复杂形状的表面。在现代工业生产的条件下,仍有某些零件的加工需要用手工锉削来完成。例如装配过程中对个别零件的修整、修理,小量生产条件下某些复杂形状的零件加工,以及样板、模具的加工等。一般锉削是在錾、锯之后对工件进行的精度较高的加工,锉削的尺寸精度可达 0.01mm,表面粗糙度可达 $R_a 8\mu m$。

(2) 锉刀

锉削的工具为锉刀,用碳素工具钢 T12 或 T13 制成,经热处理后切削部分硬度达 62～72HRC。

1) 锉刀的构造

锉刀由锉身和锉柄两部分组成,如图 3-15 所示。

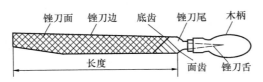

图 3-15 锉刀的组成

① 锉身包括锉刀面、锉刀边、锉刀尾三部分。

a. 锉刀面。锉刀的上下两面是锉削的主要工作面。锉刀面的前端做成凸弧形,上下两面都有锉齿,便于进行锉削。

b. 锉刀边。指锉刀的两个侧面,有齿边和光边之分。齿边可用于锉削,光边只起导向作用。有的锉刀两边都没有齿,有的其中一个边有齿。没有齿的一边叫光边,其作用是在锉削内直角形的一个面时,用光边靠在已加工的面上去锉另一直角面,防止碰伤已加工表面。

c. 锉刀尾（舌）。锉刀尾用来安装锉刀柄，不需淬火处理。

② 锉柄。锉柄的作用是便于锉削时握持传递推力。通常为木质，在安装孔的一端应有铁箍。

2) 锉刀的种类

锉刀通常分为普通锉、特种锉和整形锉三类。

a. 普通锉。普通锉主要用于一般工件的加工。按其断面形状不同，又分为平锉（板锉）、方锉、三角锉、半圆锉和圆锉五种，以适用于不同表面的加工，如图 3-16 所示。还可按照每 10mm 长度上齿纹的数量，分为粗齿（4～12 齿）、细齿（13～24 齿）和油光齿（30～40 齿）3 种。

图 3-16　普通锉断面形状

b. 特种锉（异形锉）。特种锉用来加工零件的特殊表面，有刀口锉、菱形锉、扁三角锉、椭圆锉、圆肚锉等，如图 3-17 所示。

c. 整形锉（组锉或什锦锉）。整形锉主要用于细小零件、窄小表面的加工及冲模、样板的精细加工和修整工件的细小部分。整体锉的长度和截面尺寸均很小，截面形状有圆形、不等边三角形、矩形、半圆形等。通常以每组 5 把、6 把、8 把、10 把或 12 把为一套。

3) 锉刀的规格

① 尺寸规格。一般用锉刀有齿部分的长度表示。普通锉常用的有 100mm、150mm、200mm、250mm 和 300mm 等多种。圆锉的尺寸规格以直径表示，方锉的规格以方形尺寸表示，其他锉刀以锉身长度表示。

② 齿纹的粗细规格。以锉刀每 10mm 轴向长度内的主锉纹条数表示，见表 3-2。

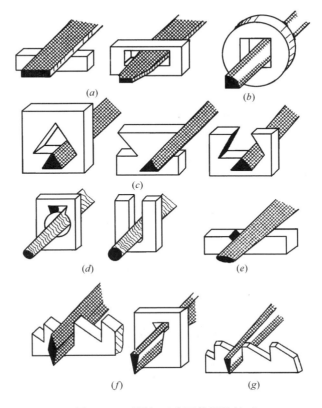

图 3-17 不同加工表面使用的锉刀

(a) 板锉;(b) 方锉;(c) 三角锉;(d) 圆锉;
(e) 半圆锉;(f) 菱形锉;(g) 刀口锉

锉刀齿纹粗细规格   表 3-2

尺寸规格 (mm)	主锉纹条数(10mm 内)				
	锉纹号				
	1	2	3	4	5
100	14	20	28	40	56
125	12	18	25	36	50
150	11	16	22	32	45
200	10	14	20	28	40
250	9	12	18	25	36

续表

尺寸规格 (mm)	主锉纹条数（10mm内）				
	锉纹号				
	1	2	3	4	5
300	8	11	16	22	32
350	7	10	14	20	—
400	6	9	12	—	—
450	5.5	8	11	—	—

注：1号锉纹为粗齿锉刀，2号锉纹为中齿锉刀，3号锉纹为细齿锉刀，4号锉纹为双细齿锉刀，5号锉纹为油光锉。

4）锉刀的选择

合理选用锉刀可以提高锉削效率、保证锉削质量延长锉刀使用寿命。正确地选择锉刀要根据加工对象的具体情况，从如下几方面考虑。

① 锉刀的截面形状要和工件形状相适应，如图3-17所示。

② 锉刀齿纹粗细的选择取决于工件材料的性质、加工余量大小、加工精度和表面粗糙度的要求、工件材料的软硬等。粗锉刀（或单齿纹锉刀）由于齿距较宽空间大，不易堵塞，适用于锉削加工余量大、加工精度低和表面粗糙度数值大的工件及锉削铜、铝等软金属材料；细锉刀适用于锉削加工余量小、加工精度高和表面粗糙度数值小的工件及锉削钢、铸铁等；油光锉用于最后的精加工，修光工件表面，以提高尺寸精度，减小表面粗糙度。各种规格锉刀相适应的加工余量、所能达到的加工精度和表面粗糙度见表3-3。

锉刀的规格选用　　　　　　　表3-3

锉刀粗细	适用场合		
	加工余量（mm）	加工精度（mm）	表面粗糙度（μm）
1号（粗齿锉刀）	0.5～1	0.2～0.5	R_a100～25
2号（中齿锉刀）	0.2～0.5	0.05～0.2	R_a25～6.3
3号（细齿锉刀）	0.1～0.3	0.02～0.05	R_a12.5～3.2
4号（双细齿锉刀）	0.1～0.2	0.01～0.02	R_a6.3～1.6
5号（油光锉）	0.1以下	0.01	R_a1.6～0.8

③ 锉刀的长度一般应比锉削面长150~200mm。锉刀的规格取决于工件加工面尺寸和加工余量。加工面尺寸较大,加工余量也较大时,宜选用较长的锉刀;反之,则选用较短的锉刀。

(3) 锉削加工

1) 锉刀的握法。正确锉刀大小和形状不同,所以锉刀的握持方法操作时的疲劳程度都有一定的影响。由于锉刀的大小和形状不同,所有锉刀的握持方法也有所不同,如图3-18所示。

① 大型(大于250mm)锉刀的握法。如图3-18(a)所示右手紧握锉刀柄,柄端抵在拇指根部的手掌上,大拇指放在锉刀柄上部,其余手指由下而上地握着锉刀柄;左手将拇指的根部肌肉压在锉刀头上,拇指自然伸直,其余四指弯向手心,用中指、无名指捏住刀前端。右手推动锉刀并决定推动方向,左手协同右手使锉刀保持平衡。

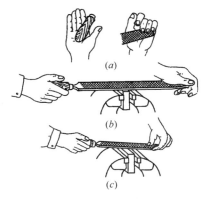

图 3-18 锉刀的握刀

② 中型(200mm左右)锉刀的握法。右手握法与大型锉刀的握法相同,左手用大拇指、食指、中指轻轻地扶持即可,如图3-18(b)所示。

③ 小型(150mm左右)锉刀的握法。所需锉削力小,可用左手大拇指食指中指捏住锉刀端部即可,如图3-18(c)所示。

④ 最小型(150mm以下)锉刀的握法。只需右手握住即可。

2) 站立步位和姿势。如图3-19所示,两腿自然站立,身体重心稍微偏于后脚。身体与台虎钳中心线大致成45°角,且略向前倾;左脚跨前半步(左右两脚后跟之间的距离为250~300mm)脚掌与台虎钳成30°角,膝盖处稍有弯曲,保持脚站稳

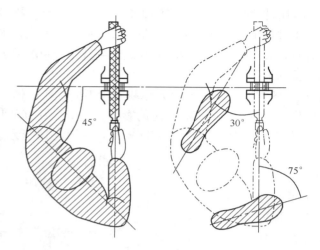

图 3-19 锉削时的站立步位和姿势

伸直,不要过于用力,脚掌与台虎钳成 75°角;视线要落在工件的锉削部位上。

3) 锉削动作。如图 3-20 所示,开始锉削时,人的身体向前倾斜 10°右左膝稍有弯曲,右肘尽量向后收缩;锉削的前 1/3 行程中,身体前倾至 15°左右,左膝稍有弯曲;锉刀推出 2/3 行程时,右肘向前推进锉刀,身体逐渐向前倾斜 18°左右;锉刀推出全程(锉削最后 1/3 行程)时,右肘继续向前推进锉刀至尽头,身体自然地退回到 15°左右;推锉行程终止时,两手按住锉刀,

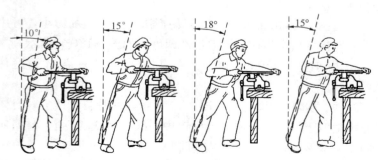

图 3-20 锉削动作

把锉刀略微提起,使身体和手恢复到开始的姿势,在不施加压力的情况下抽回锉刀,再如此进行下一次的锉削。锉削时身体的重心要落在左脚上,右腿伸直、左腿弯曲,身体向前倾斜,两脚站稳,锉削时靠左腿的曲伸使身体作往复运动。锉削行程中,身体先与锉刀一起向前,右脚伸直并稍向前倾,重心在左脚,左膝部呈弯曲状态;当锉刀锉至约3/4行程时,身体停止前进,两臂则继续使锉刀向前锉到头,同时,左腿自然伸直并随着锉削时的反作用力,将身体重心后移,使身体恢复原位,并顺势将锉刀收回;之后进行第二次锉削的向前运动。

① 锉削力。锉削时必须使锉刀保持直线运动才能锉出平直的平面。推进锉刀时应做到平稳而不上下摆动,锉削时推力的大小由右手控制,而压力的大小由两手控制。为了保持锉刀平移,两手用在锉刀上的力应始终保持锉刀平衡。为此,锉削时右手的压力要随锉刀推动而逐渐增加,左手的压力要随锉刀推动而逐渐减小。回程时不加压力,以减少锉齿的磨损,如图3-21所示。

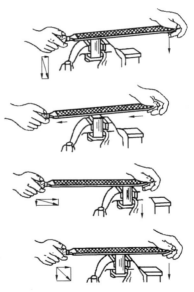

图3-21 锉削用力方法

② 锉削速度。锉削速度一般应在40次/min左右。推出时稍慢,回程时稍快,动作要自然协调。

(4)锉削方法

1)平面的锉削

① 顺向锉(直锉法、普通锉法)。顺向锉指锉刀始终沿着同一方向运动的锉削,如图3-22所示。它具有锉纹清晰、美观和

73

表面粗糙度较小等特点,适用于特宽平面时为使整个加工表面能均匀地锉削,每次退回锉刀时应在横向做适当的移动,以便使整个加工表面能均匀地锉削。

② 交叉锉。交叉锉指锉刀从两个交叉的方向对工件表面进行锉削的方法。锉刀运动方向与工件夹持方向成 30°～40°角,且锉纹交叉。它具有锉削表面平整,易消除中凸现象,效率高,表面粗糙度值较低等特点,常用于粗锉,如图 3-23 所示。

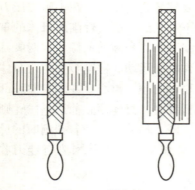

图 3-22 顺向锉

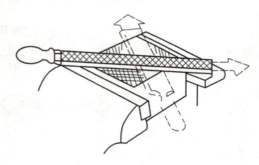

图 3-23 交叉锉

③ 推锉。推锉就是两手对称地横握锉刀,两大拇指均衡地用力推拉锉刀进行锉削的方法。它具有表面平整,精度高,效率低等特点,常用于狭长平面和修整余量较小的场合,如图 3-24 所示。

2) 曲面的锉削

① 外圆弧面的锉削。外圆弧面所用的锉刀都为板锉。锉削时锉刀要同时完成两个运动:前进运动和转动,即锉刀在做前进运动的同时还应绕工件圆弧中心摆动。锉削外面的方法有两种,如图 3-25 所示。

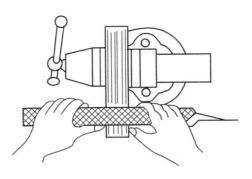

图 3-24 推锉

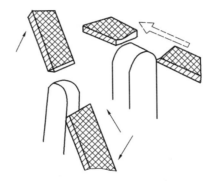

图 3-25 外圆弧面的锉削方法

顺着圆弧面锉削时，锉刀向前，右手把锉刀柄部往下压，左手把锉刀前端（尖端）向上抬。这种方法能使圆弧面锉削光洁圆滑，不会出现棱边现象，但不易发挥锉削力量，锉削位置不易掌握且效率不高，故适用于精锉圆弧面或锉削加工余量较小的圆弧面。在顺着圆弧面锉削时，锉刀上翘下摆的摆动幅度要大，才易于锉圆。

沿圆弧面垂直方向锉削时，锉刀做直线运动，并不断随圆弧面摆动。这种方法容易发挥锉削力量，锉削效率高且便于按划线均匀地锉成弧线，但只能锉成近似圆弧面的多棱形面，故适用于加工余量较大的圆弧面的粗加工。当按圆弧要求锉成多边形后，应再用顺着圆弧面锉削的方法精锉成形。

② 内圆弧面的锉削。内圆弧面的锉刀可选用圆锉或掏锉（圆弧半径较小时）、半圆锉或方锉（圆弧半径较大时）。锉削时锉刀要同时完成三个运动：前进运动，随圆弧面向左或向右移动（约半个到一个锉刀直径）、绕锉刀中心线转动（向顺、逆时针方向转动约90。），如图 3-26 所示。

③ 球面的锉削方法。锉削圆柱形工件端部的球面时，在应用外圆弧面锉法锉削的同时，还需要绕球面的中心和周向做竖向和横向摆动，如图 3-27 所示。

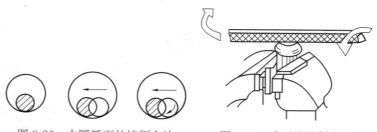

图 3-26　内圆弧面的锉削方法　　　图 3-27　球面的锉削方法

（5）锉削安全注意事项

1）新锉刀只能逐面使用，且不能锉硬金属。新锉刀要先使用一面，用钝后再使用另一面。因为用过的锉面易锈蚀，两面同时用时，总的使用时间会缩短。不得用新锉刀锉硬金属，不可锉毛坯件的硬皮及经过淬硬的工件表面，否则锉刀会因此而变钝，丧失锉削能力。铸锻件表面上的残存砂粒和氧化硬皮，应先用砂轮磨去或用旧锉刀和锉刀的有齿侧边锉去，然后再进行正常锉削加工。

2）不能将锉刀当做锤子或撬棒使用，否则容易使锉刀折断、损坏锉刀或伤人。使用整形锉时用力不可过猛，以免折断锉刀。

3）在粗锉时，应充分使用锉刀的有效全长，既提高了锉削效率，又可使锉齿避免局部磨损。

4）不能用嘴吹锉屑，也不能用手摸锉削表面，以免划伤手或伤害眼睛。

5）锉刀严禁沾水或接触油类，否则容易使锉刀锈蚀或锉削时打滑。粘附油脂的锉刀一定要用煤油清洗干净，涂上白粉。

6）如锉屑嵌入齿缝内必须及时用钢丝刷沿着锉齿的纹路进行清除，并在齿面上涂上粉笔灰，以保证加工表面光洁。嵌入锉削较大时，要用薄铁皮或铜片剔除，以免拉上加工表面时表面粗糙度值增大。锉刀每次用完都必须用锉刷顺锉纹方向刷去残留锉削，以免生锈。

7）没有装柄的锉刀、锉刀柄以裂开或没有锉刀柄箍的锉刀不准使用，以免伤手。锉削时锉刀柄不能撞击到工件，以免锉刀柄脱落造成事故。

8）锉刀放置要合理。锉刀是右手工具，应放在台虎钳右面，放在钳台上时，都不能互相重叠堆放，不可与其他工具或工件堆放在一起，不能与其他金属硬物相碰，以免损坏锉齿。

（三）孔加工、螺纹加工及刮削和研磨

1. 钻孔、锪孔和铰孔

（1）钻孔

钻孔是指用钻头在实体材料上加工出孔的操作。

1）钻削的特点

钻头转速高、摩擦严重、散热困难、热量多、切削温度高、切削量大、排屑困难、易产生振动。钻头的刚度和精度都较差，故钻削加工精度低。一般尺寸精度公差等级为 IT11～IT10 级，表面粗糙度为 $R_a 100 \sim 25 \mu m$。

2）钻孔常用设备

有台式钻床、立式钻床、摇臂钻床、手电钻等。

3）钻头（麻花钻）

麻花钻一般用高速钢 W18Cr04V 或 W9Cr4V2 制成，淬火后的硬度为 62～68HRC，由柄部、颈部和工作部分（切削部分和

导向部分）组成。如图 3-28 所示。

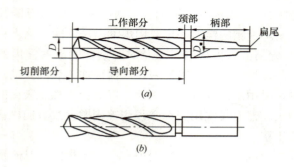

图 3-28 麻花钻头的组成
(a) 锥柄式；(b) 柱柄式

柄部是钻头的夹持部分，用于装夹定心和传递转矩动力。钻头直径小于 13mm 时，柄部为圆柱形；钻头直径大于 13mm 时，柄部一般为莫氏锥度。颈部是工作部分和柄部之间的连接部分。用作钻头磨削时砂轮退刀用，并用来刻印商标和规格型号等。工作部分包括切削部分和导向部分。切削部分起主要切削作用，由前刀面、后刀面、横刃、两主切削刃组成。导向部分有两条螺旋形棱边，在切削过程中起导向及减少摩擦的作用。两条对称螺旋槽起排屑和输送切削液作用。在钻头重磨时，导向部分逐渐变为切削部分进行切削工作。

4）钻孔的方法

① 钻孔工件的划线。按孔的位置尺寸要求，划出孔位的十字中心线，并打上中心冲眼（要求冲眼要小，位置要准），按孔的大小划出孔的圆周线。钻直径较大的孔时，还应划出几个大小不等的检查圆，以便钻孔时检查和校正孔的位置。当孔的位置尺寸要求较高，为了避免敲击中心冲眼时所产生的偏差，也可直接划出以孔中心线为对称中心的几个大小不等的方格，作为钻孔时的检查线。然后将中心冲眼敲大，以便准确落钻定心。

② 工件的装夹。工件钻孔时，要根据工件的不同形体以及钻削力的大小（或钻孔的直径大小）等情况，采用不同的装夹

（定位和夹紧）方法，以保证钻孔的质量和安全，如图 3-29 所示。

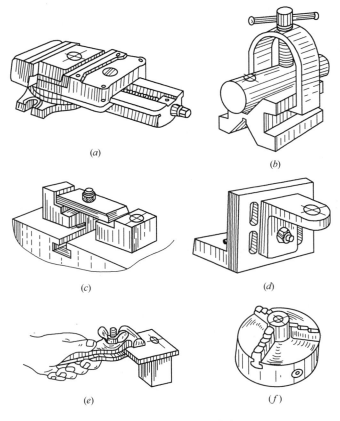

图 3-29 钻孔工件的装夹
(a) 用平口钳；(b) 用 V 形架；(c) 用螺旋压板；(d) 用铁角；
(e) 用手虎钳；(f) 用三抓自定心卡盘

平正的工件可用平口钳装夹，装夹时应使工作表面与钻头垂直。钻直径大于 8mm 孔时，必须将平口钳用螺栓、压板固定。用台虎钳夹持工件钻通孔时，工件底部应垫上垫铁，空出落钻部位，以免钻坏台虎钳。

圆柱形的工件可用V形架对工件进行装夹，装夹时应使钻头轴线与V形架二斜面的对称平面重合，保证钻出孔的中心线通过工件轴心线。

较大工件且钻孔直径在12mm以上用压板夹持时，压板厚度与锁紧螺栓直径的比例应应适中，锁紧螺栓应尽量靠近工件，垫铁高度应略高于工件夹紧表面，应添加衬垫。

异形零件、底面不平或加工基准在侧面的工件，可用角铁进行装夹。由于钻孔时的轴向钻削力作用在角铁安装平面之外，故角铁必须用压板固定在钻床工作口上。在薄板或小型工件上钻孔，可将工件放在定位块上，用手虎钳夹持。在圆柱形工件端面钻孔，可用三爪自定心卡盘进行装夹。

③ 钻头的拆装。

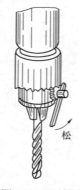

图3-30 用钻夹头夹持

a. 直柄麻花钻的拆装。将直柄麻花钻的柄部塞入钻夹头的三只卡爪内，然后用钻夹头钥匙旋转外套，带动三只卡爪移动，夹紧钻头，如图3-30所示。

b. 锥柄麻花钻的拆装。利用锥柄麻花钻柄部的莫氏锥体直接与钻床主轴连接如图3-31所示。安装时必须将钻头的柄部与主轴锥孔擦拭干净，并使钻头与主轴腰形扎的方向一致，用手握住钻头，利用向上的冲力一次安装完成。钻头的拆卸是利用斜铁来完成的。斜铁使用时，斜面应朝下，利用斜面向下的分力，使钻头与锥套或主轴分开。

④ 钻削加工

a. 起钻。钻孔时，先使钻头对准钻孔中心钻出一浅坑。并要不断校正，使起钻浅坑与划线圆同轴。校正方法、孔位置是否正确；将工件向偏位的反向推移，达到逐步校正；如偏位较多，可在校正方向上打上几个中心冲眼或用油槽錾錾出几条槽，以减少此处的钻削阻力，达到校正目的。但无论何种方法，都必须在

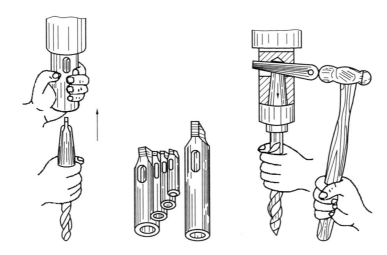

图 3-31 锥柄麻花钻的拆装及锥套用法

锥坑外圆小于钻头直径之前完成,这样保证达到钻孔位置精度的重要环节。如果起钻锥坑外圆已经达到孔径,而孔位偏移再校正就困难了。

b. 进给操作。当起钻达到钻孔的位置要求后,即可压紧工件完成钻孔。手动进给时,进给用力不应使钻头产生弯曲现象,以免使钻孔轴线歪斜;钻小直径孔或深孔时,进给力要小,并要经常退钻排屑,以免切屑阻塞而扭断钻头,一般在钻孔深达直径的 3 倍时,一定要退钻排屑,孔将钻穿时,进给力必须减小,以防进给量突然过大,增大切削抗力,造成钻头折断,或使工件随着钻头转动造成事故。

c. 钻孔时的切削液。为了使钻头散热冷却,减少钻削时钻头与工件、切屑之间的摩擦,以及消除黏附在钻头和工件表面上的积屑瘤,从而降低切削抗力,提高钻头寿命和改善加工孔表面质量,钻孔时要加注足够的切削液。钻钢件时,可用 3%~5% 的乳化液;钻铸铁时,一般可不加或用 5%~8% 的乳化液连续加注。

5)钻孔安全注意事项

① 操作钻床时不可戴手套,袖口必须扎紧,女工必须戴工作帽。

② 用钻夹头装夹钻头时要用钻夹头钥匙,不可用扁铁和锤子敲击,以免损坏夹头和影响钻床主轴精度。工件装夹时,必须做好装夹面的清洁工作。

③ 工件必须夹紧,特别在小工件上钻较大直径孔时装夹必须牢固,孔将钻穿时,要尽量减小进给力。工作台面必须保持清洁。

④ 开动钻床前,应检查是否有钻夹头钥匙或斜铁插在钻轴上。使用前必须先空转试车,在机床各机构都能正常工作时才可操作。

⑤ 钻孔时不可用手和棉纱头或用嘴吹来清除切屑,必须用毛刷清除,钻出长条切屑时,要用钩子钩断后除去。钻通孔时必须使钻头能通过工作台面上的让刀孔,或在工件下面垫上垫铁,以免钻坏工作台面。钻头用钝后必须及时修磨锋利。

⑥ 操作者的头部不准与旋转着的主轴靠得太近,停车时应让主轴自然停止,不可用手去刹住,也不能用反转制动。

⑦ 严禁在开车状态下装拆工件。检验工件和变换主轴转速,必须在停车状况下进行。

⑧ 清洁钻床或加注切削液时,必须切断电源。

⑨ 钻床不用时,必须将机床外露滑动面及工作台面擦净,并对各滑动面及各注油孔加注润滑油。

(2) 锪孔

锪孔是用锪钻(或改制的钻头)对工件进行孔口的形面加工的操作。

1) 锪孔的目的保证孔口中心线的垂直度,以便于孔连接的零件位置正确,连接可靠。在工件的连接孔端锪出柱形或锥形埋头孔,用埋头螺钉埋入孔内把有关零件连接起来,使外观整齐,装配位置紧凑。将孔口端面锪平,并于孔中心线垂直,能使连接螺栓(或螺母)的端面与连接件保持良好接触,如图 3-32 所示。

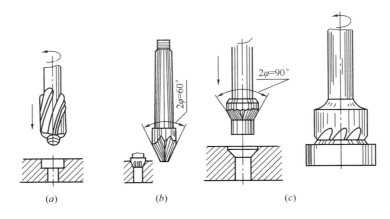

图 3-32 锪孔的应用

(a) 锪圆柱埋头孔;(b) 锪锥形图埋头孔;(c) 锪孔口和凸台平面

2) 锪钻的种类有柱形锪钻、锥形锪钻、端面锪钻 3 种,如图 3-33 所示。

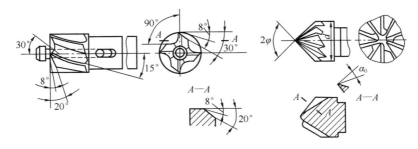

图 3-33 锪钻的类型

① 柱形锪钻。用于锪圆柱形埋头孔。柱形锪钻起主要切削作用的是端面刀刃,螺旋槽的斜角就是它的前角。锪钻前端有导柱,导柱直径与工件已有孔为紧密的间隙配合,以保证良好的定心和导向。这种导柱是可拆的,也可以把导柱和锪钻做成一体。

② 锥形锪钻。用于锪锥形孔。锥形锪钻的锥角按工件锥形埋头孔的要求不同,有 60°、75°、90°、120° 4 种,其中 90°锥角

用得最多。

③ 端面锪钻。专门用来锪平孔口端面。端面锪钻可以保证孔的端面与孔中心线的垂直度。当已加工的孔径较小时，为了使刀杆保持一定强度，可使刀杆头部的一段直径与已加工孔为间隙配合，以保证良好的导向作用。

2) 锪孔时的注意事项

锪孔方法和钻孔方法基本相同。锪孔时存在的主要问题是由于刀具振动而使所锪孔口的端面或锥面产生振痕，使用麻花钻改制锪钻，振痕尤为严重。为了避免这种现象，在锪孔时应注意以下几点：

① 锪孔时的切削速度应比钻孔时低，一般为钻孔切削速度的 $1/3\sim 1/2$。同时，由于锪孔时的轴向抗力较小，所以手动进给压力不宜过大，并要均匀。精锪时，往往采用钻床停车后主轴惯性来锪孔，以减少振动而获得光滑表面。

② 锪孔时，由于锪孔的切削面积小，标准锪钻的切削刃数目多，切削较平稳，所以进给量为钻孔的 $2\sim 3$ 倍。

③ 尽量选用较短的钻头来改磨锪钻，并注意修磨前面，减小前角，以防止扎刀和振动。用麻花钻改磨锪钻，刃磨时，要保证两切削刃高低一致、角度对称，保持切削平稳。后角和外缘处前角要适当减小，选用较小后角，防止多角形，以减少振动，防止扎刀。同时，在砂轮上修磨后再用油石修光，使切削均匀平稳，减少加工时的振动。

④ 锪钻的刀杆和刀片，配合要合适，装夹要牢固，导向要可靠，工件要压紧，锪孔时不应发生振动。

⑤ 要先调整好工件的螺栓通孔与锪钻的同轴度，再将工件夹紧。调整时，可旋转主轴试钻，使工件能自然定位。工件夹紧要稳固，以减少振动。

⑥ 为控制锪孔深度，对钻床上的深度标尺和定位螺母，做好调整定位工作。

⑦ 当锪孔表面出现多角形振纹等情况，应立即停止加工，

并找出原因，及时修正。

⑧ 锪钢件时，因切削热量大，要在导柱和切削表面加切削液。

(3) 铰孔

铰孔是用铰刀对已经粗加工的孔进行精加工的操作。

1) 铰削特点

切削速度低，切削力小，切削热少，加工精度高。由于铰刀的刀刃数量多（6~12个）、容屑槽浅、刀芯截面大，故刚度和导向性好。同时铰刀本身精度高，而且有校准部分，可以校准和修光孔壁。铰孔时切削余量小（粗铰0.15~0.35mm，精铰0.05~0.15mm），铰刀对切削变形影响不大。铰削近似刮削，尺寸精度高，其加工精度公差等级一般可达IT9~IT7（手铰甚至可达T6），表面粗糙度为R_a3.2~0.8μm或更小。

2) 铰刀

① 铰刀的种类。铰刀的种类很多，按使用方式可分为手用铰刀和机用铰刀；按结构分为固定式（整体式）和可调式铰刀；按铰孔的形状分为圆柱形铰刀和圆锥形铰刀；按铰刀容屑槽的方向可分为直槽和螺旋槽铰刀；按材质可分为高速钢、工具钢和硬质合金铰刀；按柄部形状可分为直柄铰刀和锥柄铰刀，如图3-34所示。

② 铰刀的结构特点。铰刀由颈部、柄部和工作部分（又分切削部分与校准部分）三部分组成。工作部分的最前端有45°倒角，使铰刀容易放入孔中，并起保护切削刃的作用。工作部分的主体是带顶锥角的切削部分后面是校准部分。

3) 铰孔方法

① 铰削操作方法。起铰时，可用右手通过铰孔轴线施加进刀压力，左手转动。正常铰削时，两手用力要均匀、平稳，不得有侧向压力，同时适当加压，使铰刀均匀地进给，以保证铰刀正确引进和使工件获得较小的表面粗糙度值，并避免孔口成喇叭形或将孔径扩大。铰尺寸较小的圆锥孔，可先按小端直径并留取圆

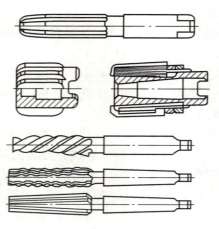

图 3-34 部分铰刀的形状

柱孔精铰余量钻出圆柱孔,然后用锥铰铰削。对尺寸和深度较大的锥孔,为减小铰削余量,铰孔前可先钻出阶梯孔,然后再用铰刀铰削。铰削过程中要经常用相配的锥销检查铰孔尺。

② 铰削余量和铰削速度的选择。铰削余量是指上道工序(钻孔或扩孔)完成后留下的直径方向的加工余量。铰削余量是否合适,对铰出孔的表面粗糙度和精度影响很大。选择铰削余量时,应考虑到铰孔的精度、表面粗糙度、孔径的大小、材料的软硬和铰刀的类型等因素的综合影响。铰刀的选择见表 3-4。

铰刀选择 表 3-4

铰刀直径(mm)	<8	8~20	21~32	33~50	5.1~70
铰削余量(mm)	0.1	0.15~0.25	0.25~0.3	0.35~0.5	0.5~0.8

机铰时为了获得较小的表面粗糙度值,必须避免产生积屑瘤,减少切削热及变形,因而应取较小的铰削速度。用高速钢铰刀铰钢件时铰削速度为 4~8m/min,铰铸件时为 6~8m/min 铰铜件时为 8~12m/min。

4) 铰孔注意事项

① 在铰孔或退出铰刀时，铰刀均不能反转，以防止刃口磨钝以及切屑嵌入刀具后面与孔壁间，将孔壁划伤。

② 机铰时，应使工件一次装夹进行钻、铰工作，以保证铰刀中心线与钻孔中心线一致。铰毕后，要将铰刀退出后再停车，以防孔壁拉出痕迹。

③ 铰削的切屑容易黏附在刀刃上，甚至夹在孔壁和铰刀的刃带之间将已加工表面刮毛，使孔径扩大，导致切削过程中热量积累过多，使工件、铰刀变形加剧，耐用度降低。所以，铰削时必须选用适当的切削液来减少摩擦并降低刀具和工件的温度，以达到冲走切屑、散热和润滑目的。

④ 铰刀是精加工工具，要保护好刃口，避免碰撞刀刃上如有毛刺切削黏附，可用油石小心地磨去。铰刀排屑功能差，须经常取出清屑，以免铰刀被卡住。

⑤ 铰定位圆锥销孔时，因锥度小有自锁性，且韧性材料塑性大，因此在铰削时铰刀刃口必须锋利，且进给量不能太大，否则极易铰刀卡死或折断。

2. 螺纹加工

（1）内螺纹加工——攻螺纹

攻螺纹是用丝锥在孔中切削出内螺纹的加工方法。

1）内螺纹加工工具。主要包括丝锥和铰杠。

① 丝锥。丝锥是加工内螺纹的工具。一般用合金工具钢或高速钢制成，并经热处理淬硬。

a. 丝锥的构造。丝锥主要由柄部和工作部分组成，如图3-35所示。

柄部的方头用来插入铰杠中用以传递转矩。工作部分又包括切削部分与校准部分（导向部分）。

切削部分担任主要的切削任务，其牙型由浅入深，并逐渐变得完整，以保证丝锥容易攻入孔内，并使各牙切削的金属量大致相同。常在丝锥轴向开3～4条容屑槽，以形成切削部分锋利的

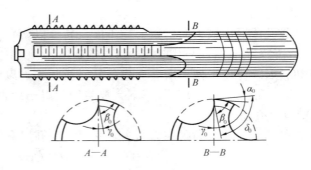

图 3-35 丝锥的构造

切削刃和前角,同时能容纳切屑。端部磨出切削锥角,使切削负荷分布在几个刀齿上,逐渐切到齿深,可使切削省力,刀齿受力均匀,不易崩刃或折断也便于正确切入。

校准部分均具有完整的牙形,主要用来校准和修光已切出的螺纹,并引导丝锥沿轴向前进。为了制造和刃磨方便,丝锥上的容屑槽一般做成直槽。有些专用丝锥为了控制排屑方向,做成螺旋槽。加工不通孔螺纹,为使切屑向上排出,容屑槽做成右旋槽。加工通孔螺纹,为使切屑向下排出,容屑槽做成左旋槽。

b. 丝锥的分类。丝锥按加工螺纹的种类不同有普通三角螺纹丝锥(其中 M6~M24 的丝锥两支一套,小于 M6 和大于 M24 的丝锥为三支一套、圆柱管螺纹丝锥两支一套、圆锥管螺纹丝锥不论尺寸大小均为单支)。圆锥管螺纹丝锥的直径从头到尾逐渐增大,而牙型与丝锥轴线垂直以保证内外螺纹结合时有良好的接触。此外,丝锥按加工方法分有机用丝锥和手用丝锥。圆柱管螺纹丝锥与一般手用丝锥相近,只是其工作部分较短,一般为两支一组。

② 铰杠。用来夹持丝锥的工具,有普通铰杠和丁字铰杠两类,如图 3-36 所示。

2) 攻螺纹操作方法如图 3-37 所示。

丁字铰杠适用于在高凸台旁边或箱体内部攻螺纹。丁字固定式铰杠常用于 M5 以下螺孔,活络式铰杠可以调节方孔尺寸。活

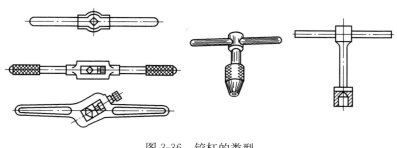

图 3-36 铰杠的类型

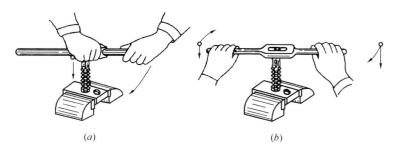

图 3-37 攻螺纹操作方法

络式丁字铰杠用于 M6 以下螺孔。

攻螺纹时,每转 1~2 圈应经常反转 1/4 圈左右。头攻攻完后,再用二攻、三攻攻削。将工件装夹在台虎钳上(一般情况下,均应使底孔处于铅垂位置)。把装入铰杠上的头攻(头锥)插入孔内,使丝锥与工件表面垂直,尽量保持丝锥与底孔方向一致。用头锥起攻时,右手握住铰杠中间,沿丝锥中心线加适当压力,左手配合将铰杠顺时针转动(左旋丝锥则逆时针转动铰杠),或两手握住铰杠两端均匀施加适当压力,并将铰杠顺向旋进,将丝锥旋入,保证丝锥中心线与孔中心线重合,不歪斜。当丝锥切削部分切入 1~2 圈后,应及时用目测或用直角尺在前后、左右两个方向检查丝锥是否垂,并不断校正至达到要求。校正丝锥轴线与底孔轴线是否一致,若一致,两手即可握住铰杠手柄继续平稳地转动丝锥。一般在切入 3~4 圈时,丝锥位置应正确无误,此时不应再强行纠正偏斜。此后，当丝锥的切削部分全部进入工件时，只需要两手用力均匀地转动铰杠，不再对丝锥施加压力，丝锥会自行向下攻削。为防止切屑过长损坏丝锥，每扳转铰杠 1/2～2 圈，应反转 1/4～1/2 圈，以使切屑折断排出孔外，避免因切屑堵塞而损坏丝锥。

3) 攻螺纹底孔直径的确定。底孔是指攻螺纹前在工件上预钻的底孔直径要稍大于螺纹小径。

4) 攻螺纹底孔深度的确定。钻孔深度要大于所需的螺孔深度。攻不通孔螺纹时，由于丝锥切削部分不能切出完整的螺纹牙型，所以钻孔深度要大于所需的螺孔深度，止丝锥已到底还继续往下攻，造成丝锥折断。通常钻孔深度至少要等于需要的螺纹深度加上丝锥切削部分的长度，这段长度大约等于螺纹大径的 0.7 倍。

5) 攻螺纹注意事项。

① 钻孔后，在螺纹底孔的孔口必须倒角，通孔螺纹两端都倒角，倒角处最大直径应和螺纹大径相等或略大于螺孔大径，这样可使丝锥开始切削时容易切入，并可防止孔口出现挤压出的凸边。

② 对于成组丝锥要按头锥、二锥、三锥的顺序攻削。用头锥攻螺纹时，应保持丝锥中心与螺孔端面在两个相互垂直方向上的垂直度。头锥攻过后，先用手将二锥旋入，再装上铰杠攻螺纹。以同样办法攻三锥。对于在较硬的材料上攻螺纹时，可轮换各丝锥交替攻，以减小切削部分负荷，防止丝锥折断。

③ 攻不通孔时，可在丝锥上做深度标记，并要经常退出丝锥，清除留在孔内的切屑。否则会因切屑堵塞易使丝锥折断或攻螺纹达不到深度要求。当工件不便倒向进行清屑时，可用弯曲的小管子吹出切屑或用磁性针棒吸出。

④ 攻螺纹时适当使用切削液可以减少摩擦，减小切削阻力，减小加工螺孔的表面粗糙度值，保持丝锥的良好切削性能，延长丝锥寿命，得到光洁的螺纹表面。攻钢件螺纹时可用机油，螺纹

质量要求高时可用工业植物油，攻铸铁件螺纹时可用煤油。

（2）外螺纹加工——套螺纹

套螺纹就是用板牙在圆杆上切削出外螺纹的操作。

1）套螺纹工具。套螺纹的工具有板牙与板牙架，如图3-38所示。

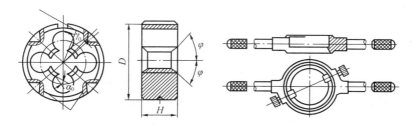

图3-38 板牙与板牙架

① 板牙。加工外螺纹的工具，常用合金工具钢或高速钢制造，并经淬火硬化。

a. 板牙的构造。板牙由切削部分、校准部分和排屑孔组成。其本身就像一个圆螺母，在它上面钻有几个排屑孔而形成刀刃。切削部分是板牙两端有切削锥角的部分。板牙的中间一段是校准部分，也是套螺纹时的导向部分。板牙的校准部分因磨损会使螺纹尺寸变大而超出公差范围。因此，为延长板牙的使用寿命，常用的圆板牙在外圆上有四个锥坑和一条V形槽，起调节板牙尺寸的作用。

b. 板牙的种类。常用的板牙有圆板牙和活络管子板牙。圆板牙分固定式和可调式两种。活络管子板牙四块为一组，镶嵌在可调的管子板牙架内，用来套管子外螺纹。

② 板牙架。装夹板牙的工具，分为圆板牙架和管子板牙架等。

2）套螺纹操作方法（见图3-39）。起套时，用右手掌按住板牙架中部，沿圆杆的轴向施加压力，左手配合使板牙架顺向旋，转动要慢，压力要大，并保证板牙端面与圆杆垂直，不歪斜。在板牙旋转切入圆杆 2~3 圈时,要检查板牙与圆杆的垂直情况并及时校正。进入正常套螺纹后,不再加压力,让板牙自然引进,以免损坏螺纹和板牙,并经常倒转以断屑。在刚件上套螺纹时要加切削液,以减小加工螺纹的表面粗糙程度值和延长板牙使用寿命。一般可用机油或较浓的乳化液,要求高时可用工业植物油。

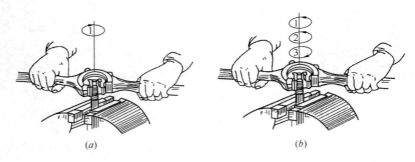

图 3-39　套螺纹操作
（a）错误；（b）正确

3) 套螺纹前圆杆直径的确定。用板牙在工件上套螺纹时,材料因受到撞压而变形,牙顶将被挤高一些。所以圆杆直径应稍小于螺纹大径的尺寸。

为了使板牙起套时容易切入工件并作正确的引导,圆杆端部要倒角,其锥半角一般为 15°~20°。倒角的最小直径,可略小于螺纹小径,使切出的螺纹端部避免出现锋口和凸边。

3. 刮削与研磨

（1）刮削

用刮刀在工件已加工表面上刮去一层很薄金属的操作称为刮削。刮削时刮刀对工件既有切削作用,又有压光作用。刮削是精加工的一种方法,刮削后的工件表面不仅能获得很高的形位精度、尺寸精度,而且表面组织紧密且表面粗糙度小,还能形成比较均匀的微浅坑,创造良好的存油条件,减少摩擦阻力。所以刮削常用于零件上互相配合的重要滑动面,如机床导轨面、滑动轴承等,并且在机械制造、工具、量具制造或修理中占有重要地位。但刮削的缺点是生产率低,劳动强度大。

1) 刮削工具及显示剂

① 刮刀。刮刀是刮削工作中的重要工具,要求刀头部分有足够的硬度和刃口锋利。常用 T10A、T12A 和 GCr15 钢制成,也可在刮刀头部焊上硬质合金以削硬金属。刮刀可分为平面刮刀和曲面刮刀两种。平面刀用于刮削平面,如图 3-40 所示,可分为粗刮刀、细刮刀和精刮刀三种。曲面刀用来翻曲面,如图 3-41 所示曲面刮刀有多种形状,常用三角刮刀。

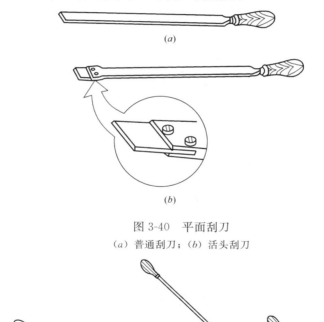

图 3-40 平面刮刀

(a) 普通刮刀;(b) 活头刮刀

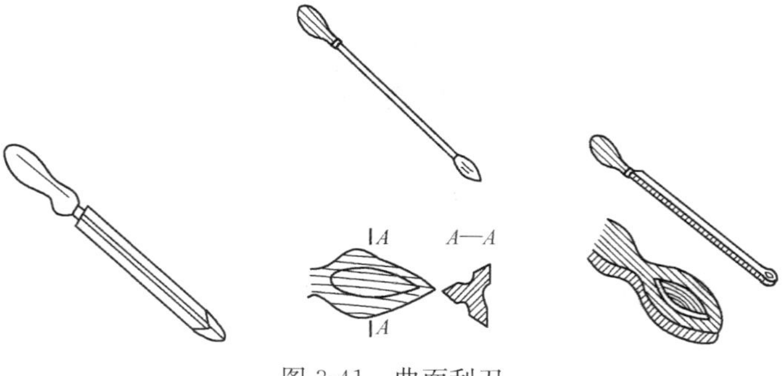

图 3-41 曲面刮刀

② 校准工具。校准工具的用途：一是用来与刮削表面磨合，以接触点多少和疏密程度来显示刮削平面的平面度，提供刮削依据；二是用来检验刮削表面的精度与准确性。刮削平面的校准工具具有校准平板、校准直尺和角度直尺三种。

③ 显示剂。显示剂是用来显示被刮削表面误差大小的。它放在校准工具表面与刮削表面之间，当校准工具与刮削表面合在一起对研后，凸起部分就被显示出来。常用的显示剂有红丹粉（机油与牛油调成）和蓝油（普鲁士蓝与蓖麻油调成）。

2) 刮削精度的检查。刮削精度常通过刮削研点（接触点）的数目来检查。其标准以在边长为 25mm 的正方形面积内研点的数目来表示（数目越多，精度越高），一级平面为 5～16 点；精密平面为 16～25 点；超精密平面大于 25 点。

3) 平面刮削。平面刮削有手刮法和挺刮法两种，如图 3-42 所示。其刮削步骤为：

图 3-42 平面刮削
(a) 手刮法；(b) 挺刮法

① 粗刮。用粗刮刀在刮削平面上均匀地铲去一层金属，以很快除去刀痕、锈斑或过多的余量。当工件表面研点在 25mm×25mm 范围内为 4～6 点，并且有一定细刮余量时为止。

② 细刮。用细刮刀在经粗刮的表面上刮去稀疏的大块高研点，进一步改善不平现象。当平均研点在 25mm×25mm 范围内为 10～14 点时停止。

③ 精刮。用小刮刀或带圆弧的精刮刀进行刮削，使研点达

到在 25mm×25mm 范围内为 20～25 点为止。精刮时常用点刮法（刀痕长为 5mm），落刀要轻，起刀要快。

④ 刮花。刮花的目的主要是美观和积存润滑油。常见的花纹有斜花纹、鱼鳞花纹和半月花纹等，如图 3-43 所示。

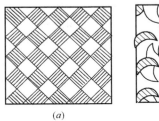 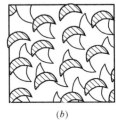 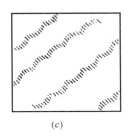

图 3-43 刮花的花纹
（a）斜花纹；（b）鱼鳞花纹；（c）半月花纹

4）曲面刮削。曲面刮削与平面刮削的原理相同，但具体刮削方法不同。曲面刮削所用的刮刀是三角刮刀或蛇头刮刀。曲面刮削的步骤为粗刮、细刮和精刮与平面刮削不同之处在于三个阶段使用的是同一把刮刀，只是以改变刮刀与工件的相对位置来区分粗刮、细刮和精刮。曲面刮削操作步骤如图 3-44 所示。

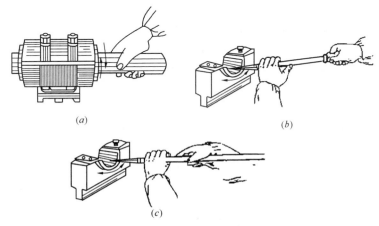

图 3-44 曲面刮削操作步骤

粗刮时其刮刀具有正前角，刮出的切屑较厚，刮削速度较快，细刮时其刮刀具有较小的负前角，刮出的切屑较薄，通过细刮能获得分布较均匀的研点；精刮时其具有较大的负前角，刮出的切屑很薄，可以获得较高的表面质量。

在进行曲面刮削过程中，刮刀应在曲面中做螺旋运动，即左手使刮刀做左、右螺旋运动，右手控制刮削的方向和位置。刮削时用力不能太大，否则容易发生抖动而使表面产生振动痕迹。每刮一遍之后，下一遍的刮削应与上一遍刮削交叉进行，可避免刮削面产生波纹，接触点也不会成条状。刀迹与孔中心线约成45°角。

5）刮削的安全注意事项

① 刮削前工件必须倒角，对于不允许倒角的工件，在刮削时要注意避免锋边划伤人体。

② 工件要放稳，不得产生振动或滑动。较大的工件可直接安放并且垫平稳，小工件要用夹具夹紧，但要防止工件变形。

③ 工件放置位置的高低，要根据操作者的身高来定。工件位置一般在操作者的腰部。挺刮时位置要略低，曲面刮削位置要略高。

④ 刮削工件的边缘时，用力不要太猛。

⑤ 刮削场地的光线要适中，不宜太亮或太暗，光线要从前方射来。

⑥ 刮削过程中不宜喧闹，不宜分散注意力。

⑦ 刮刀用毕要放置稳妥，三角刮刀要装入刀套内。

（2）研磨

用研磨工具和研磨剂，从工件上研去一层极薄表面层的精加工方法称为研磨。经研磨后工件的表面粗糙度值可以达到 $R_a 8 \sim 0.05 \mu m$。研磨有手工操作和机械操作。

1）研具及研磨剂

① 研具。研具的形状与被研磨表面一样，如研磨平面，则磨具为一块平板。研具材料的硬度一般都要比被研磨工件材料

低，但也不能太低，否则磨料会全部嵌进研具而失去研磨作用，常用研具材料是灰铸铁（也可用低碳钢和铜）研磨平板有光滑平板和有槽平板两种，如图3-45所示。

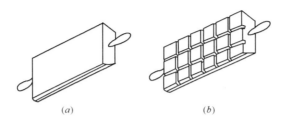

图3-45 研磨平板
(a) 光滑平板；(b) 有槽平板

② 研磨剂。研磨剂是由磨料和研磨液调和而成的混合剂。

a. 磨料。在研磨中起切削作用。常用的磨料有：刚玉类磨料一用于碳素工具钢、合金工具钢、高速钢和铸铁等工件的研磨；碳化硅磨料——用于研磨硬质合金、陶瓷等高硬度工件，也可用于研磨钢件；金刚石磨料——它硬度高，使用效果好但价格昂贵。

b. 研磨液。在研磨中起调和磨料、冷却和润滑作用。常用的研磨液有煤油、汽油、工业用甘油和熟猪油。

2）平面研磨

平面的研磨一般是在表面非常平整的平板（研具）上进行的。粗研常用于平面上制槽的板，这样可以把多余的研磨剂刮去，保证工件研磨表面与平板的均匀接触；同时可使研磨时的热量从沟槽中散去。精研时，为了获得较小的表面粗糙度，应在光滑的平板上进行。

研磨时要使工件表面各处都受到均匀的切削，手工研磨时合理的运动对提高研磨效率、工件表面质量和研具的耐用度都有直接影响。手工研磨时的运动一般采用直线、螺旋形、8字形等，8字形常用于研磨小平面工件。

研磨前，应先做好平板表面的清洗工作，加上适当的研磨剂，把工件需研磨表面合在平板表面上，采用适当的运动轨迹进行研磨。研磨中的压力和速度要适当，一般在粗研磨或研磨硬度较小工件时，可用大的压力、较慢速度进行；而在精研磨时或对大工件研磨时，就应用小的压力、快的速度进行。

四、典型部件的安装

（一）联轴器的安装

1. 联轴器的测量和检查

（1）联轴器的测量

1）测量两半联轴器的内径。用游标卡尺或内径千分尺进行测量，测量时应在两端互成 90°的两个方向上进行，测量值应一致，测量结果的误差应在允许范围之内。

2）测量轴的直径。用游标卡尺或外径千分尺进行测量，测量时应在半联轴器装入轴的部位的两端互成 90°的外径上进行，测量结果的误差应在允许范围之内。

（2）联轴器的检查

1）首先检查联轴器轴孔内表面的粗糙度是否符合要求，轴孔端部是否有倒角。

2）检查键和键槽、销钉和销孔的外观质量，然后将键和销钉分别安装在键槽和销孔内，检查其配合情况是否符合技术文件的要求。

（3）联轴器的安装

1）操作流程

画线→安装施压装置→施压前的准备→加压装配→检测调整→拆掉施压装置

2）操作步骤

步骤 1，依据半联轴器孔和轴的尺寸以及表 4-1 中所列的轴端间隙值，在装配轴上划出装配深度位置线。

步骤 2，如图 4-1 所示安装承力装置和加压装置（千斤顶），并在联轴器孔中抹上机油。

联轴器端面间隙值　　　　　　　　表 4-1

名称	联轴器外径（mm）	间隙值（mm）
凸缘联轴器	—	端面紧密接触
挠性爪形联轴器	—	2±0.2
十字滑块联轴器	$D \leqslant 200$	0.5～0.8
	$D > 190$	1～1.5
蛇形弹簧联轴器	$D \leqslant 200$	1～1.5
	$D \leqslant 400$	1.5～2
	$D \leqslant 700$	2～2.5
	$D > 700$	2.5～4
齿轮联轴器	$D \leqslant 290$	2.5～5
	$D \leqslant 690$	5～7.5
	$D > 690$	7.5～20
弹性圆柱销联轴器	$D \leqslant 220$	1～5
	$D \leqslant 330$	2～6
	$D > 330$	2～10
尼龙柱销联轴器	$D \leqslant 150$	6～9
	$D \leqslant 220$	7～10
	$D \leqslant 320$	8～12
	$D > 320$	9～14

注：表中所列间隙值为两半联轴器的总间隙值。

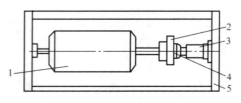

图 4-1　压装联轴器示意图
1—电动机；2—联轴器；3—千斤顶；
4—垫块；5—承力框架

步骤 3，使半联轴器对正装配轴中心，使千斤顶对正半联轴器中心垫板并顶紧。

步骤 4，操作千斤顶，向半联轴器加力，使其缓慢进入到轴端预定位置线处。

步骤 5，检测轴端间隙尺寸，应符合技术文件的规定，见表 4-1。

步骤 6，拆下千斤顶，去掉承力装置。

3）注意事项

① 装配使用的承力装置必须具有足够的刚度，保证其在加力过程中不发生变形和损坏，安装时应支平、支稳。

② 垫块的厚度按联轴器孔径大小选用，但不能小于 20mm，当孔径较大时，应用型钢替代垫块。

③ 半联轴器的轴向间隙值应符合设备技术文件的规定，如果未作规定，则按表 4-1 所列数值的 1/2 选定。

2. 联轴器同轴度的检测和调整

（1）同轴度的检测

大型、中速联轴器同轴度要求较高，通常使用特制的中心卡和百分表来测量同轴度，如图 4-2 所示。

其操作步骤是：先将两半联轴器用螺栓初步连接，把中心卡

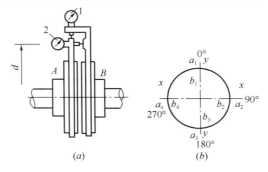

图 4-2 测量同轴度

(a) 专用工具；(b) 记录形式

1—测量径向间隙 a 的百分表；2—测量轴向间隙 b 的百分表

装在联轴器上,然后将两只百分表分别安装在中心卡上,同时测量径向和轴向偏差;在联轴器端圆上每隔 90°做一标记转动两半联轴器,分别记录百分表在四个位置的实测值。然后再转动联轴器一周,复核四个位置的测量值是否变动。四个位置的测量值应满足下列条件:

$$a_1 + a_3 = a_2 + a_4 \tag{4-1}$$

$$b_1 + b_3 = b_2 + b_4 \tag{4-2}$$

若测量数值不满足上述条件,应查找原因,重新测量;根据测量值计算出同轴度偏差,与联轴器要求的径向位移和轴线倾斜允差值进行比较(见表 4-2),为调整同轴度做好准备。

$$a_x = \frac{a_2 - a_4}{2}, a_y = \frac{a_1 - a_3}{2} \tag{4-3}$$

$$a = \sqrt{a_x^2 + a_y^2} \tag{4-4}$$

$$Q_x = \frac{b_2 - b_4}{d}, Q_y = \frac{b_1 - b_3}{d} \tag{4-5}$$

$$Q = \sqrt{Q_x^2 + Q_y^2} \tag{4-6}$$

式中 a_x——两轴线在 $x-x$ 方向的径向位移(mm);

a_y——两轴线在 $y-y$ 方向的径向位移(mm);

a——两轴线的实际径向位移(mm);

Q_x——两轴线在 $x-x$ 方向的倾斜度;

Q_y——两轴线在 $y-y$ 方向的倾斜度;

Q——两轴线的实际倾斜度;

d——测点处的直径,mm。

联轴器径向位移和轴线倾斜允差值(mm)　　表 4-2

名称	外形直径	径向位移	轴线倾斜度
凸缘联轴器	—	≤0.03	—
十字滑块联轴器	≤300	≤0.1	0.8/1000
挠性爪形联轴器	>300	≤0.2	1.2/1000
弹性柱销联轴器	≤260	≤0.05	0.2/1000
	>260	≤0.1	

续表

名称	外形直径	径向位移	轴线倾斜度
齿轮联轴器	≤185	≤0.3	0.5/1000
	≤250	≤0.45	1/1000
	≤430	≤0.65	1.5/1000
	≤590	≤0.9	2/1000
	≤780	≤1.2	
	>780	≤1.5	
蛇形弹簧联轴器	≤200	≤0.1	1/1000
	≤400	≤0.2	1.5/1000
	≤700	≤0.3	2/100
	>700	0.5～0.7	

（2）同轴度的调整

根据测量和计算结果调整底座垫铁组，然后再进行测量，直到同轴度达到要求为止。

（二）滑动轴承的安装

1. 滑动轴承的清洗和瓦背、座孔的检查

（1）滑动轴承的清洗

滑动轴承通常采用煤油或清洗剂进行清洗。瓦片清洗后可用洁净细白布擦拭，禁止使用棉纱。

（2）瓦背和座孔的检查

1）轴瓦质量的检查。用小铜锤沿轴瓦表面轻轻敲打，根据响声判断轴瓦有无裂纹、砂眼及孔洞等缺陷，如有缺陷应补救。

2）油孔、油腔的检查。检查油孔、油腔是否完好，轴承两端的油封槽不应与其他部位穿通。

3）轴瓦部分面的检查。对开式轴瓦部分面应比轴承部分面高出 0.05～0.10mm，轴瓦不能过大、过小。

4）瓦背与座孔接触情况的检查。用着色法检查瓦背与轴承座孔之间的接触面积以及接触的均匀性，通常下轴瓦与座孔的接触面积不少于 50%，上轴瓦与轴承盖的接触面积不少于 40%，且应均匀接触。下轴瓦底部与两侧不得有间隙。

（3）轴瓦的刮研

1）操作流程

检查→刮研下轴瓦→刮研上轴瓦

2）操作步骤

步骤 1，检查。刮研轴瓦前，应先用着色法检查瓦背与轴承座孔的接触面积。

步骤 2，刮研下轴瓦。一般情况下刮研下轴瓦是在设备精平后进行。刮研下轴瓦时，应将轴上的齿轮、带轮等所有部件装上。首先在轴颈处涂一层薄薄的红铅油，然后盘动轴，使轴在轴瓦内正、反各转一周，保证轴瓦与轴颈接触良好，最后将轴吊起，此时轴瓦面上较高的地方就会出现色斑，根据色斑情况用刮刀刮去较高的地方。

注意事项：

① 在刮削前，每刮一遍应改变一次方向，使刮痕之间成 60°～90°交角。这样连续数次，使接触点逐渐增加，最后使色斑均与分布，达到规定的标准，轴瓦接触点标准见表 4-3。

② 下轴瓦与轴成 60°～90°的接触角，如图 4-3 所示。在此范围内，接触点应中间密，两边渐疏，但接触面与非接触面间不应有明显的界限。高速轻载轴承的接触角取 60°，低速重载轴承的接触角取 90°。

③ 刮研下轴瓦的同时，应找正轴的水平度。

轴瓦接触点标准 表 4-3

序号	轴承转速（r/min）	接触点（点/25mm×25mm）
1	100 以下	3～5
2	100～500	10～15
3	500～1000	15～20
4	1000～2000	20～25
5	2000 以上	25

图 4-3 轴瓦接触角

步骤 3，刮研上轴瓦。上轴瓦的刮研法与下轴瓦相同，在轴瓦上着色时，一定要装上轴，将轴承盖用螺钉紧固好，并撤掉瓦口上的垫片，保证上轴瓦与轴颈良好接触。

注意事项：

① 在下轴瓦口接触角外应刮出一定的间隙，以便形成楔形油膜。

② 不允许用砂布擦瓦面。

③ 同一瓦面有几个人刮削时，应紧密配合，避免刮得轻重不一而产生误差。

④ 从瓦座上吊起传动轴时注意不要碰伤瓦口。

2. 滑动轴承的安装和质量检查

（1）整体固定式径向滑动轴承的安装

1）操作流程

清洗和检查→轴套装配→轴套检查及修整

2）操作步骤

步骤 1，轴套和轴承座孔在装配之前，应用煤油或清洗液清洗干净，检查轴套和轴承座孔的表面情况和配合过盈量是否符合要求，然后选择好装配方法（锤击、压装、温差法装配等），当轴套尺寸及过盈量较小时，采锤击法装配；当轴套尺寸及过盈量较大时，采用压入法装配；当轴套长且壁厚薄时，采用温差法装配。

步骤 2，用压力机和专用工具将轴套压入轴承座孔内，如图 4-4 所示。将轴套 2 套在心轴 3 上，拧上垫板 1，将心轴 3 的下端放入轴承座孔内，然后用压力机冲压，压力机的压力就会通过

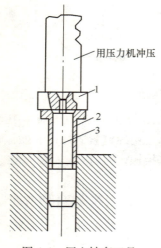

图 4-4 压入轴套工具
1—垫板；2—轴套；
3—心轴

垫板将轴套压入轴承座孔。轴套的定位方式如图 4-5 所示。

注意事项：

① 轴套压入前应注意配合面的清洁，并涂上润滑油。

② 有油孔的轴承压入时要将轴承座上的油孔对正。

③ 对于重载轴套，装配后应用螺钉或定位销固定，以防止其转动。

步骤 3，轴套压入后，内孔可能发生变形，应测定其内控的尺寸、形状误差，不合要求时应采用铰孔或刮研等方法予以修整。

（2）整体式可调节径向滑动轴承的安装

整体式可调节径向滑动轴承通过螺纹连接改变轴套的相对位置，从而改变轴与轴套之间的间隙。整体式可调节径向滑动轴承

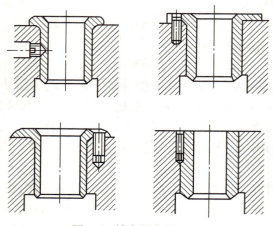

图 4-5 轴套的定位方式

有两种形式,即内柱外锥式和外柱内锥式,如图 4-6 所示。

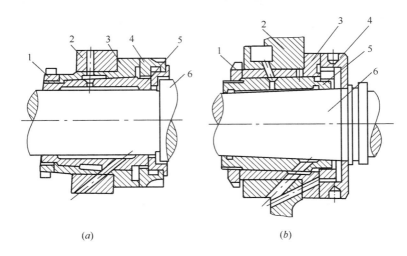

图 4-6　整体式可调节径向滑动轴承
（a）内柱外锥式滑动轴承；（b）外柱内锥式滑动轴承
1—螺母；2—箱体；3—轴承外套；4—螺母；
5—主轴承；6—主轴

下面以内柱外锥式滑动轴承为例说明整体式可调节径向滑动轴承的安装方法。

1）操作流程

清洗和检查→轴套装配及调整→轴套间隙调整

2）操作步骤

步骤 1,清洗和检查的操作方法类同于整体固定式径向滑动轴承。

步骤 2,将轴承外套压入箱体。清理轴承外套 3 和箱体 2 的内孔,它们之间采用 H7/P6 配合。以专用心轴为基准刮研轴承外套的内孔,使其符合要求。

步骤 3,修整主轴承。在主轴承的切穿槽中嵌入弹性柚木,使其直径具有可调整性,而轴又能在其上面顺利旋转。以轴承外套3的内孔为基准刮研主轴承的外锥面。将主轴承5装入轴承外套3的孔内,两端分别拧入螺母1和螺母4,并将主轴承的轴向间隙调整到要求的位置。以主轴6为基准刮研主轴承5的内孔,并使前、后轴承孔同轴。

步骤4,装配轴承后调整间隙。首先将调节螺母拧紧,消除配合间隙,然后再拧松小端螺母至一定角度 α(其值以小端螺母稍松为准),最后拧紧大端螺母即得到所要求的间隙值。

注意事项:外柱内锥式滑动轴承的装配过程与内柱外锥式滑动轴承类似,不同点在于外柱内锥式滑动轴承只需刮研内锥孔。

(3)部分式径向滑动轴承的装配

部分式径向滑动轴承的组成如图4-7所示。

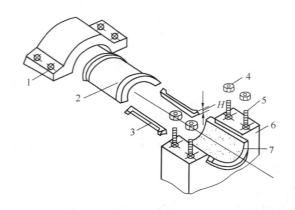

图4-7 部分式径向滑动轴承的组成
1—轴承盖;2—上轴瓦;3—垫片;4—螺母;
5—双头螺栓;6—轴承座;7—下轴瓦

1)操作流程

清洗→检查→刮研→装配→调整间隙

2)操作步骤

步骤1,核对轴承型号,并将其用煤油或清洗剂清洗干净。轴瓦质量的检查可用小铜锤沿轴瓦表面轻轻地敲打,根据响声判断轴瓦有无裂纹、砂眼及孔洞等缺陷，如有缺陷应采取补救措施。

步骤2，首先对轴瓦外径、内台肩和轴承座、轴承盖座孔内径、内宽度进行测量，然后进行选配（薄壁轴瓦）和修配（厚壁轴瓦）。为使装配时不把轴瓦两端的方向搞错，可用记号笔在上下两个轴瓦的部分面处做好记号。

步骤3，刮研轴瓦孔常以与其相配的轴为基准。通常先用涂色法使轴与半轴瓦对研。先修刮下半轴瓦的内表面至接触均匀，达到规定的接触点，然后再装上上轴瓦，拧紧轴承座上的双头螺栓组件，用同样的方法修刮上轴瓦，直到轴和轴瓦的配合表面接触均匀、配合良好为止。

注意事项：为了使配合良好，轴瓦的部分面应比轴承体的部分面高0.05～0.10mm。轴瓦装配前应做好清洗工作，装配时应对准油孔位置，然后在部分面上垫上木板用锤子轻轻敲入。

步骤4，清洗刮研好的轴瓦，将其装入轴承座孔中。

步骤5，调整接合面间的垫片，保证轴和轴瓦之间的径向间隙符合设计要求。

（4）滑动轴承安装质量的检查

滑动轴承装配后应检查其间隙是否符合要求。滑动轴承间隙有径向间隙和轴向间隙两种，如图4-8所示。

一般情况下，径向顶间隙为$0.001\sim0.002d$（d为轴颈直

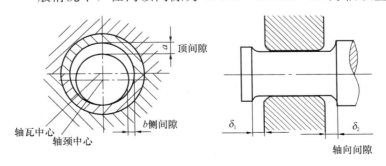

图4-8 滑动轴承间隙

径），侧间隙为地间隙的一半。轴向间隙在固定端 $\delta_1 + \delta_2 \leqslant 0.2\text{mm}$，在自由端不小于轴受热膨胀时的伸长量。

间隙的检查有两种方法，一是压铅法，二是塞尺法。

1）压铅法如图 4-9 所示。

测量顶间隙时，先打开轴承盖，将直径为顶间隙的 1.5～2 倍而长度为 10～40mm 的软铁丝或软铅条分别放在轴颈和轴瓦的接触面上，因轴颈表面光滑，铁丝易滑落，可用干油粘上它。然后放上轴承盖，对称均匀地拧紧螺钉，再用塞尺检查轴瓦接合面间的间隙是否均匀相等。最后打开轴承盖，用千分尺量出已被压扁的软铁丝的厚度，用下面的公式计算出轴承顶间隙的平均值。

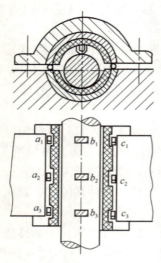

图 4-9 压铅法

$$\delta = \frac{b_1 + b_2 + b_3}{3} - \frac{a_1 + a_2 + a_3 + c_1 + c_2 + c_3}{6} \quad (4-7)$$

式中　　　　　　　δ——轴承平均顶间隙，(mm)；

b_1, b_2, b_3——轴颈铁丝压扁后的厚度，(mm)；

$a_1, a_2, a_3, c_1, c_2, c_3$——轴瓦接合面各段铁丝压扁后的厚度，(mm)。

铁丝的数量可根据轴承的大小而定。如果实测顶间隙小于规定的数值，应在上、下轴瓦接合面间加垫片，反之则减垫片。

2）塞尺法。用宽度较窄的塞尺直接塞入间隙，可以直接测量出轴承间隙值。检查轴向间隙时，将轴推向轴承一端的极限位置，然后用内径千分尺或塞尺测量。一般在装配时要保证轴向间隙在 0.1～0.2mm 的范围内，当达不到要求时，可以修刮轴瓦端面或调整止推螺钉。

（三）滚动轴承的安装

1. 滚动轴承的清洗

（1）用防锈油封存的滚动轴承可用汽油或煤油清洗。

（2）对于用防锈脂封存的滚动轴承，首先应将轴承中的油脂挖出，然后将轴承放入热油中使残油熔化，再将轴承从油中取出冷却后放入汽油或煤油中洗净，用白布擦干。

（3）维修时拆下的可用旧轴承可以用碱水或清水清洗。

（4）装配前的清洗最好用金属清洗剂。两面带防尘盖或密封圈的轴承，装配时不需要再清洗；涂有防锈润滑两用油脂的轴承，装配时也不需要清洗。

注意事项：

（1）清洗后的轴承应戴手套拿放，防止因汗渍生锈。

（2）热油清洗时，轴承不能放在加热油箱底部，而应放在离底部有一定高度的格网上，避免过热；用火焰加热时，油箱中的油应与明火隔离，防止起火。最好的方法是使用电炉加热。

（3）清洗轴承不能使用棉纱。

（4）轴承清洗后应及时加上润滑剂，涂油时应缓慢转动轴承，从而使油脂能进入到滚动体和滚道之间。润滑脂应适量，类型按图纸要求或工作状态而定。稀油润滑的轴承不能加润滑脂。

2. 滚动轴承内、外圈配合性质的检查

从图样上查找的配合性质和配合等级，滚动轴承的配合一般为过渡配合，分为四类：一类配合其过盈率达 99.38%，是最紧的一种配合；四类配合过盈率仅为 0.66%，是最松的一种配合；其余两类介于以上两者之间。同时还应看清轴承是内圈转动还是外圈转动，转动的座圈装配要比不转动的座圈配合高一级，即配合要紧一些。

3. 滚动轴承的安装

（1）深沟球轴承的安装

1) 深沟球轴承的安装顺序

① 当轴承内圈与轴是紧配合,轴承外圈与轴承座是较松配合(内紧外松)时,先将轴承压装在轴上,然后将轴连同轴承一起装入轴承座孔中,如图4-10(a)所示。

② 当轴承外圈与轴承座是紧配合,轴承内圈与轴是较松配合(外紧内松)时,先将轴承压入轴承座孔中,然后再装轴,如图4-10(b)所示。

③ 当轴承内圈与轴、轴承外圈与轴承座都是紧配合(内紧外紧)时,将轴承同时压入轴颈和轴承座孔中,如图4-10(c)所示。

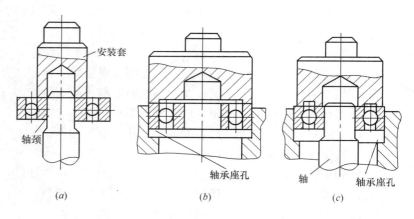

图4-10 深沟球轴承的安装顺序

2) 操作方法

① 压桩法。采用压力机将轴承装入轴颈或轴承座孔中的方法。具体操作是:在轴承面垫一个由软金属制作的套管,其内径应比轴颈直径大,外径小于轴承内圈的挡边直径,如图4-11所示。

注意事项:

安装轴承时应注意导正,防止轴承歪斜,否则会造成安装困难,产生压痕,使轴和轴承过早损坏。

② 温差法。对于配合过盈量较大的轴承或大型轴承,可采用温差法装配。采用温差法安装时,轴承的加热温度为 80～100℃;冷却温度不得低于-80℃。

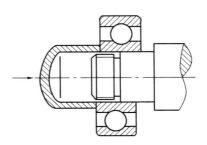

图 4-11 压桩法

a. 热装。可采用油浴法、电感应加热法或其他加热法。采用最为普遍的方法是油槽加热,如图 4-12 所示。加热温度由温度计控制,加热时间由轴承大小决定,一般为 10～30min。轴承在油槽中加热至 100℃左右,从油槽中取出放在轴上,用力一次推到顶住轴肩的位置。在冷却过程中应始终推紧,使轴承紧靠轴肩。

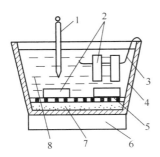

图 4-12 热装法
1—温度计;2—轴承;3—挂钩;
4—油池;5—栅网;6—电炉;
7—沉淀物;8—油

b. 冷装。把轴置于低温箱中,箱内温度不得低于-80℃。若是轴承与轴承座孔的装配。可先把轴承置于低温箱中。箱内的低温介质一般为干冰,通过它可以获得-78℃的低温。操作时将干冰倒入低温箱中即可。取出低温零件时不可用手直接拿取,应戴上石棉手套并立即测量零件的配合尺寸,如合适即刻进行装配,零件安装到位后不可立即松手,应待零件恢复到常温时方可松手。

注意事项:

a. 加热轴承时,应将轴承用钩子悬挂在油槽中或用网架支起,不得使轴承接触油槽地板,以免出现过热现象。

b. 热装法不适用于内部充满润滑油脂带防尘盖或密封圈的轴承。

（2）圆锥滚子轴承的安装

因圆锥滚子轴承的内外圈可分离，安装时可分别将内圈装在轴上，外圈装在轴承座孔中，然后再通过改变轴承内外圈的相对位置来调整轴承的间隙。其安装方法与深沟球轴承类似。若采用热装法装配，除了前面已介绍的方法外，还可以采用传热环加热，如图 4-13 所示。通过预热传热环（铝质或铜质）直到 200℃ 并把它紧箍在轴承内圈上，使轴承内圈受热膨胀。

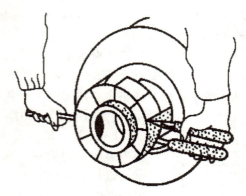

图 4-13　传热环加热

（3）推力球轴承的安装

推力球轴承装配时应区分紧环和松环，安装时要使紧环靠在转动零件的平面上，松环靠在静止零件的平面上，如图 4-14 所示，否则滚动体将失去滚动作用，加速配合零件之间的磨损。

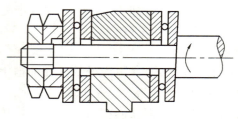

图 4-14　推力球轴承的安装

4. 滚动轴承间隙的调整

（1）滚动轴承间隙的要求

轴承的间隙分为径向间隙和轴向间隙两类。径向间隙是指内外圈之间在径向上的最大相对游动量；轴向间隙是指内外圈在轴线方向上的最大相对游动量。间隙大小直接影响机构的运转性能和轴承寿命。因此在装配过程中，要控制和调整好轴承的间隙，使轴承内外圈产生一个相对位移，如图4-15所示。滚动轴承的径向间隙和轴向间隙存在着正比关系，所以调整时只需要调整它们的轴向间隙，轴向间隙调整好了，径向间隙也就调整好了。各种可调整轴承的轴向间隙见表4-4。当轴承转动精度高、在低温下工作或轴的长度较短时，取较小值；反之，取大值。轴承的间隙确定后即可进行调整。

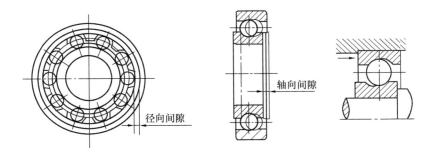

图 4-15 控制和调整轴承间隙

可调式轴承的轴向间隙　　　　　　　　　表 4-4

轴承内径	轴承系列	轴向间隙（mm）			
		角接触球轴承	单列圆锥滚子轴承	双列圆锥滚子轴承	推力球轴承
<30	轻型 轻型和中款型 中型和重型	0.02～0.06 0.03～0.09	0.03～0.10 0.04～0.11 0.04～0.11	0.03～0.08 0.05～0.11	0.03～0.08 0.05～0.11

续表

轴承内径	轴承系列	轴向间隙（mm）			
		角接触球轴承	单列圆锥滚子轴承	双列圆锥滚子轴承	推力球轴承
30～50	轻型	0.03～0.09	0.04～0.11	0.04～0.10	0.04～0.10
	轻型和中款型		0.05～0.13		
	中型和重型	0.04～0.10	0.06～0.15	0.06～0.12	0.06～0.12
50～80	轻型	0.04～0.10	0.05～0.13	0.05～0.12	0.05～0.12
	轻型和中款型		0.06～0.15		
	中型和重型	0.05～0.12	0.06～0.15	0.07～0.14	0.07～0.14
80～120	轻型	0.05～0.12	0.06～0.15	0.06～0.15	0.06～0.15
	轻型和中款型		0.07～0.18		
	中型和重型	0.06～0.15	0.07～0.18	0.10～0.18	0.10～0.18

（2）滚动轴承间隙的调整

安装过程中通过轴承内外圈适当的轴向移动来实现轴承间隙的调整，其方法有以下4种：

1) 垫片调整方法（见图4-16）

步骤1，拆去轴承压盖原有的垫片。

步骤2，慢慢地拧紧轴承压盖上的螺栓，同时使轴缓慢地转动，当轴不能转动时，就停止拧紧螺栓，此时表明轴承内已无间隙。

步骤3，不塞尺（或压铅法、千分表法）测量轴承压盖与箱体端面间的间隙值K，将所测得的间隙值K加上所要求的轴向间隙S即为应垫垫片的厚度。一套垫片由多种不同厚度的垫片组成，垫片应平滑、光洁、无毛刺。

2) 螺钉调整法（见图4-17）

步骤1，松开调整螺钉上的锁紧螺母。

步骤2，拧紧调整螺钉，使止推盘压向轴承外圈，直到轴不能转动为止。

步骤3，根据轴向间隙的数值将调整螺钉倒转一定的角度α，达到规定的轴向间隙后再将锁紧螺母拧紧。

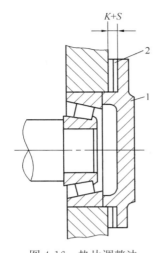
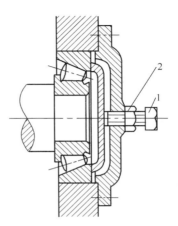

图 4-16 垫片调整法
1—轴承压盖；2—垫片

图 4-17 螺钉调整法
1—调整螺钉；2—锁紧螺母

调整螺钉倒转角度可用下式进行计算：

$$\alpha = \frac{C}{t} \times 360° \qquad (4\text{-}8)$$

式中 C——规定的轴承游隙，(mm)；

t——螺栓的螺距，(mm)。

3) 止推环调整法（见图 4-18）

步骤 1，将具有外螺纹的止推环 1 拧紧，直到轴不能转动为止。

步骤 2，根据轴向间隙值，将止推环倒转一定的角度（倒转角度参见螺钉调整法），当其达到规定的轴向间隙后用止动片 2 固定。

4) 内外套调整法（见图 4-19）。当同一根轴上装有两个圆锥滚子轴承时，其轴向间隙常用内外套进行调整。这是一种在轴承装到轴上之前进行调整的方法。内外套尺寸由

图 4-18 止推环调整法
1—止推环；2—止动片

轴承的轴向间隙确定。具体计算方法如下：

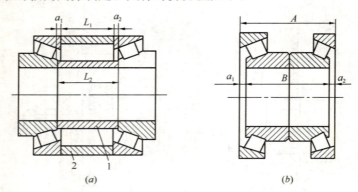

图 4-19 内外套调整法
1—内套；2—外套

当两个轴承的轴向间隙为零时，如图 4-19(a) 所示，内外套长度之间的关系为：

$$L_1 = L_2 - (a_1 + a_2) \qquad (4-9)$$

式中　　L_1——外套的长度，(mm)；

　　　　L_2——内套的长度，(mm)；

　　　　a_1，a_2——轴向间隙为零时轴承内外圈的轴向位移量，(mm)。

当两个轴承调换位置互相靠紧，轴向间隙为零时，如图 4-19(b) 所示，测量尺寸为：

$$A - B = a_1 + a_2 \qquad (4-10)$$
$$L_1 = L_2 - (A - B) \qquad (4-11)$$

为了使两个轴承各有轴向间隙 C，内外套的长度应有下列关系，即：

$$L_1 = L_2 - (A - B) - 2C \qquad (4-12)$$

（四）齿轮的装配

机床齿轮的修理装配并不是一个简单的机械装配过程，而是将被装配的齿轮、轴及轴承等多种零件，按照一定的工艺要求，通过正确的装配方法装配起来，并要经过必要的调整，从而提高齿轮的传动精度，减少噪声，避免冲击，使齿轮传动装置能长久可靠地工作。

修理装配中的齿轮多数是旧齿轮，已被磨损，而且两个啮合的齿轮，其磨损程度也不完全一致。这样，齿轮装配就较复杂。为了保证齿轮装配质量，应注意以下一些问题：

（1）对于主要用来传递动力的齿轮，应尽可能维持其原来的吻合状态，以减少噪声。

（2）对用于分度的齿轮传动，装配时不仅要减少噪声，而且还要保证分度均匀。在调整时尽量取齿侧间隙的最小值，同时使节圆半径的跳动量最小。

（3）装配时要使轴承的松紧程度适当。太松，轴承旋转时会产生噪声；太紧，则当轴受热时没有膨胀的余地，使轴弯曲变形，影响齿轮的啮合。

柱齿轮的装配方法如下：

（1）零件检查

圆柱齿轮的装配，要求成对吻合的齿轮，轴线必须在同一平面内，并且互相平行，两齿轮轴线应有正常啮合的中心距。因此装配前应检查全部零件，尤其是齿轮箱和轴。检查时应注意以下两点：

1）齿轮箱各有关轴孔应互相平行，中心距偏差应在公差范围之内。否则，应进行修复。

2）轴不能有弯曲，必要时要予以校正。待所有零件检查合格后，要进行清洗以待装配。

（2）装配与检查

1）装配顺序最好按与传递运动相反的方向进行，即从最后的被动轴开始，以便于调整。

2）当安装一对旧齿轮时，要仍按照原来磨合的轴向位置装配。否则将会产生振动，并使噪声增大。

3）每装完一对齿轮，应检查齿面啮合情况和齿侧间隙。

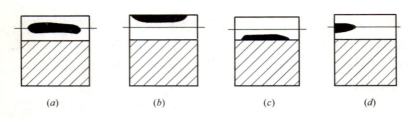

图 4-20 圆柱齿轮啮合印痕
(a) 正确；(b) 中心距太大；(c) 中心距太小；(d) 轴线倾斜

① 齿面啮合检查：齿面啮合情况常用涂色法检查。在主动轮齿面上涂一薄层红丹粉，使齿轮啮合旋转，检查另一齿轮齿面上的接触印痕，如图 4-20 所示。正确的啮合应使印痕沿节圆线分布。印痕的啮合精度见表 4-5。

齿轮接触精度 表 4-5

精度等级		6	7	8	9
印痕	按齿高度	50	45	40	30
(%)	按齿宽度	70	60	50	40

齿轮轴向位置啮合要求是：当啮合齿轮轮线宽度≤20mm时，轴向错位不得超过 1mm；轮缘宽度＞20mm 时，不得大于 5% 齿宽，最大不得大于 5mm（两啮合齿轮轮缘宽度不同时，按其中较窄的计算）。

② 齿侧间隙检查：齿侧间隙是指互相啮合的一对齿轮在非工作面之间沿法线方向的距离。齿侧间隙的检查，可用塞尺、百分表或压铅丝等方法来实现。

图 4-21 压铅法检查间隙

a. 塞尺法：用塞尺直接测量齿轮的顶间隙和侧间隙。

b. 压铅法：如图 4-21 所示，压铅法是测量顶间隙和侧间隙最常用的方法。测量时将直径不超过间隙 3 倍的铅丝，用油脂粘在直径较小的齿轮上；铅丝长度不应小于 5 个齿距；对于齿宽较大的齿轮，沿齿宽方向应均与放置至少 2 根铅条。然后使齿轮啮合滚压，压扁后的铅丝厚度，就相当于顶间隙和侧间隙的数值，其值可用千分尺测量。铅丝最后部分的厚度为顶间隙，相邻的最薄处的部分的厚度之和为侧间隙。齿侧间隙应符合设备技术文件的规定。

如图 4-22 所示用百分表检测齿侧间隙。将百分表架 4 放在箱体上，把检验杆 2 装在轴 1 上，百分表触头 3 顶住检验杆。然后转动弄齿轮轴 1，让另一齿轮固定，记下百分表指针读数，按下式计算间隙：

$$\delta_0 = \delta_1 R/L \tag{4-13}$$

式中　δ_0——齿侧间隙，(mm)；

　　　δ_1——百分表读数，(mm)；

　　　R——转动齿轮的节圆半径，(mm)；

　　　L——检验杆旋转中心到百分表测点的距离，(mm)。

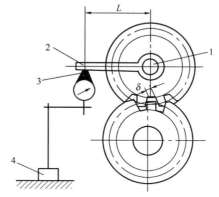

图 4-22　用百分表检测齿侧间隙

1—齿轮轴；2—检验杆；3—百分表触头；4—表座

（五）螺纹连接件的装配

1. 螺纹的连接

（1）螺纹连接的技术要求

1) 有足够的拧紧力矩。为了连接牢固可靠，拧紧螺纹时，必须有足够的拧紧力矩。对有预紧力要求的螺纹连接，其预紧力的大小应符合工艺文件的规定。

2) 螺纹连接的精度应符合螺纹配合精度要求。

3) 应有可靠的防松装置。为防止在冲击、振动、交变载荷作用下出现松动现象，螺纹连接必须有可靠的防松装置。

(2) 螺纹连接的装配方法和要点

螺纹连接的工艺比较简单，其工艺过程是使用旋具或扳手等工具通过螺纹连接，将被连接零件紧固在一起的过程。

1) 螺母、螺栓、螺钉的装配

① 螺栓、螺钉不能弯曲变形，螺栓、螺钉头部和螺母底面应与连接件保持接触良好。

② 被连接件应受力均匀，互相贴合，连接牢固。

③ 拧紧成组螺栓或螺母时，应根据被连接件的形状和螺栓的分布情况，按一定的顺序分几次（一般为2～3次）拧紧。在拧紧长方形布置的成组螺母时，如图4-23a所示，应从中间开始，逐渐向两边对称地扩展；在拧紧圆形或方形分布的成组螺母时，如图4-23b、c所示，必须对称地进行，以防止螺栓受力不均匀，甚至变形。

注意事项：

在拧紧螺母时，如有定位销，应从靠近定位销的螺母开始拧紧。

2) 双头螺柱的装配

① 必须保证双头螺柱与机体螺纹配合有足够的紧固性。由此，螺柱紧固端与机体螺纹间的连接方式有两种，既可采用过盈配合，也可采用台肩形式，如图4-24所示。

② 双头螺柱的轴线必须垂直于机体表面，装配时可用90°角尺进行检查。偏斜较小时，可将螺孔用丝锥矫正后再行装配；偏斜较大时不能强行矫正，否则会影响连接的可靠性。

③ 进行双头螺柱的装配应使用润滑油以避免产生咬住现象，

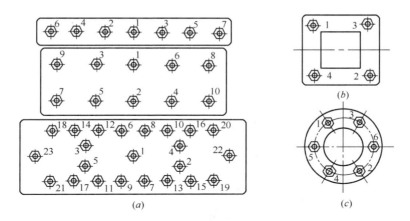

图 4-23 拧紧顺序

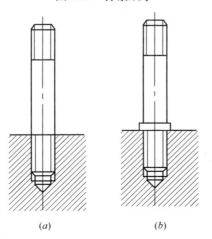

图 4-24 螺纹紧固段与机体螺纹间的两种连接方式
（a）过盈配合；（b）台肩式紧固

另外也便于拆卸。

④ 双头螺柱的拧紧方法通常有三种：采用两个螺母拧紧；采用长螺母拧紧；采用专用工具拧紧。三种方法如图 4-25 所示。

两个螺母拧紧：如图 4-25(a) 所示，先将两个螺母相互锁紧在双头螺柱上，然后在扳动上面一个螺母，将双头螺柱拧入螺

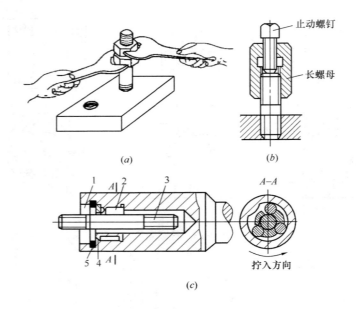

图 4-25 双头螺柱的拧紧方法
1—工具体空腔；2—滚柱；3—双头螺柱；
4—限位套筒；5—凹槽挡圈

孔中。

长螺母拧紧：如图 4-25(b) 所示，用止动螺钉阻止长螺母与双头螺柱之间的相对转动，然后扳动长螺母，将双头螺柱拧入螺孔中。松开止动螺钉，即可拆掉长螺母。

专用工具拧紧：如图 4-25(c) 所示，三个滚柱放在工具体空腔内，有限位套筒 4 确定其圆周和轴向位置，限位套筒由凹槽挡圈固定，滚柱松开和夹紧有工具体内腔曲线控制。滚柱应夹在双头螺柱的光杆部分，按图 4-25(c) 所示箭头方向转动工具体叫即可将双头螺柱拧入螺孔中；反之，即可松开双头螺柱。

3）防松装置的装配。在有冲击载荷作用或振动的场合工作时，螺纹连接应装防松设置。常用的防松设置有：双螺母防松，弹簧垫圈防松、开口销与带槽螺母防松，止动垫圈防松，串联钢丝防松，如图 4-26 所示。

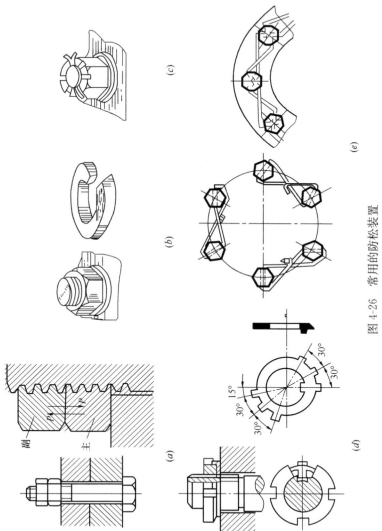

图 4-26 常用的防松装置

(a) 双螺母防松；(b) 弹簧垫圈防松；(c) 开口销与带槽螺母防松；(d) 止动垫圈防松；(e) 串联钢丝防松

2. 螺纹连接质量的检测

(1) 垂直度的检测。通常采用 90°角尺进行检测，如不垂直，可采用斜垫圈找正。

(2) 接触紧密性监测。对于密封要求严格的连接件，可采用着色法检查接触的紧密程度，以达到不漏气、不漏油的目的。

(3) 检查螺母拧紧后螺栓末端是否露出螺母外 2~5 个螺距。沉头螺柱不得凸出于连接件表面。

(4) 成组螺柱连接会产生松紧不一的情况，通常是拧紧后再重拧一下，以达到全部紧固。同时通过敲击检查，可发现是否有松动现象，以便进行紧固。使用该方法检查时应注意防止螺钉松动。

（六）键、销连接装配

1. 键连接的装配

键主要用于轴和毂零件（如齿轮、涡轮等），实现轴向固定以传递扭矩的轴毂连接。其中，有些还能实现轴向以传递轴向力，有些则能构成轴向动连接。

(1) 键是标准件，有松键连接、紧键连接和花键连接三大类型。

1) 松键连接：包括平键和半圆键，平键分为普通平键、导向平键和滑键，用于固定、导向连接。普通平键用于静连接；导向平键和滑键用于动连接（零件轴向移动量较大），如图 4-27 所

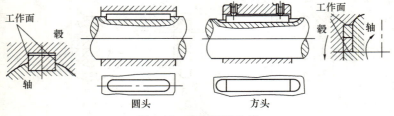

图 4-27 普通平键连接

示。松键连接以键的两侧面为工作面，键与键槽的工作面间需要紧密配合，而键的顶面与轴上零件的键槽底面之间则留一定空隙。

2）紧键连接：用于静连接，常见的有打楔键和普通平键。楔键的上下两面是工作面，分别与毂和轴上键槽的底面贴合，键的上表面具有 1∶100 斜度；切向键有两个斜度为 1∶100 的单边倾斜楔组成。装配后，两楔型斜面相互贴合，共同楔紧在轴毂之间，如图 4-28 所示。

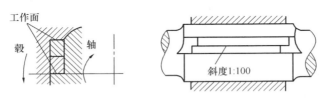

图 4-28　切向键连接

3）花键连接：靠轴和毂上的纵向齿的互压传递扭矩，可用于静或动连接。根据花键齿形不同，花间链接分为矩形、渐开线和三角形 3 种。

其中矩形花键连接应用较广，它有 3 种定心方式，如图 4-29 所示。

（2）键连接的装配

1）键连接前，应将键与槽的毛刺清理干净，键与槽的表面粗糙、平面度和尺寸在装配前均应检验。

2）普通平键、导向平键、薄型平键和半圆键，两个侧面与键槽一般有间隙，重载荷、冲击、双向使用时，间隙宜小些，与轮毂键槽底面不接触。

3）普通楔键的两斜面间以及键的侧面与轴和轮毂槽的工作面间，均应紧密接触；装配后，相互位置应采用销固定。

4）花键为间隙配合时，套件在花键轴上应能自由滑动，没有阻滞现象。但不能过松，用手摆动套件时，不应感觉到有明显的轴向间隙。

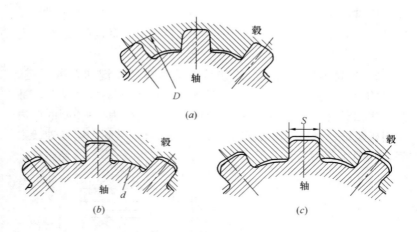

图 4-29 矩形花键连接及定心方式
（a）按外径定心；（b）按内径定心；（c）按侧面定心

2. 销连接的装配

销连接通常只用于传递不大的载荷，或者作为安全装置。销的另一重要用途是固定零件的相互位置，起着定位、连接或锁定零件的作用。它是组合加工装配时的重要辅助零件。

（1）销的形式和规格，应符合设计及设备技术文件的规定。

（2）装配销时不宜使销承受载荷，根据销的性质，宜选择相应的方法装入。

（3）对定位精度要求高的销和销孔，装配前检查其接触面积，应符合设备技术文件的规定；当无规定时，宜采用其总接触面积的 50%～75%。圆柱销不宜多次装拆，否则会降低定位精度和连接的紧固性。

五、机械设备的安装方法

（一）设备的定位

1. 设备定位的基本原则

设备定位的基本原则，就是要满足生产工艺上的需要，并在此基础上考虑维护、修理、技术安全、工序间的相互配合及运输方便等。设备在车间的安装位置、排列、标高以及立体、平面间的相互距离等，应符合设备平面布置图和安装施工图的规定。需要调整时，应视生产方式（流水线生产及大批生产）的不同，分别考虑：

（1）符合车间生产对象特点及生产工艺过程的要求。

（2）设备排列整齐、美观、相互间距离符合设计资料的规定。

（3）符合技术安全要求，须有过道、运输通道，以便于顺利运送材料、工件及安装和拆卸设备。若为流水线生产，更应注意工序间的运输。

（4）操作、修理、维护方便，并留有一定的空间，以便堆放材料、工件和工具箱等。

（5）精加工与粗加工设备之间的距离，以不影响加工精度为原则。

（6）工艺设备、辅助设备、运输设备、通风设备、管道系统等相互间应密切配合；辅助设备、运输设备等要服从主要设备。

（7）符合经济原则，如达到工件与毛坯的运输距离最短、车间平面的利用率最高、能充分发挥设备的最大效能以及方便生产管理等。

2. 定位的要求

(1) 设备定位的基准线,要以车间柱子的纵横中心线或墙的垂直面为基准。柱子的纵横中心线的允差为 10mm,见图 5-1。

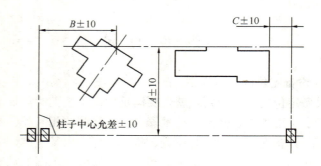

图 5-1 设备在厂房内的定位允差
A、B、C—设备定位尺寸

(2) 设备在平面上的位置对基准线的距离及其相互间位置的允差应符合表 5-1 的规定。

设备安装位置的允差　　　　　　　　　　表 5-1

	安装设备的性质	允差 (mm)
对基准线距离允差	1. 与其他设备没有任何联系的设备	±10
	2. 与其他设备有联系的设备	±2
	3. 动力设备(如泵、压缩机、煤气发生炉、通风机、鼓风机等)	±5
	4. 作角度排列的设备,其角度偏斜偏差每米为	10
	角度偏斜偏差在 5m 以上不得大于	50
	5. 设备安装在单独基础上时,设备纵横中心线必须落在基础中心线上,即设备重心应与基础重心在同一位置上,如有偏差不得超过	±20

续表

安装设备的性质		允差（mm）
相对位置允差	1. 无任何联系的设备	±20
	2. 与金属切削机床同属一组的其他设备或装置	±2
	3. 与锻压设备同属一组的设备或装置	±10
	4. 与铸造设备同属一组的设备或装置	±5
	5. 与热处理设备同属一组的设备或装货	±5
	6. 与金属熔化设备同属一组的设备或装置	±10
	7. 与动力设备同属一组的设备或装置	±5
	8. 互相衔接的连续线运输机械及其辅助装置	±5
	9. 互相衔接的带式输送带沿主中心线方向为	±20
	垂直于主中心线方向为	±10

（3）设备安装标高的允差应符合设计图样或设备说明书中的规定；若无规定，可按表 5-2 的规定选取。

设备安装标高的允差　　表 5-2

安装设备的性质	允差（mm）
1. 与其他设备没有任何强制工艺及动力上联系的单独设备	+20
2. 与其他设备有强制工艺上的联系，其工件的移动是靠工件自重作用来实现的	−10
3. 用输送槽或辊道等相联系的设备	±5
4. 由输送带或其他具有强制移动工件的装置联系起来的设备	±1
5. 在同一工艺过程里联合起来的机床及联合机床（自动机床加工线）	±0.2

（4）设备定位的测量起点，若施工图或平面图有明确规定，应按图上的规定执行；若只有轮廓形状，应以设备真实形状的最外点（如车床正面的溜板箱手柄端、主轴箱的传动带罩等）算起。

（5）设备在车间纵横排列的规定如下：

1）同类设备纵横向排列或成角度排列时，必须对齐，倾斜角度要一致，如图5-2和图5-3所示。

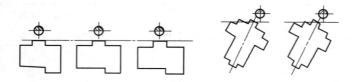

图5-2 同类设备作直线排列　　图5-3 同类设备作角度排列

2）不同类型设备纵、横向或直线、角度排列时，其正面操纵位置必须排列整齐，如图5-4和图5-5所示。

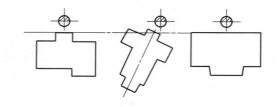

图5-4 不同类型设备作直线及角度的交错排列

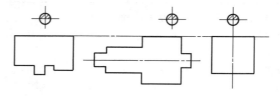

图5-5 不同类型设备作直线排列

（6）机床与墙、柱间的距离，两机床背面的距离，机床纵向及横向排列时两机床之间的距离，原则上都应按照平面布置图的规定，但在必要时允许根据车间具体情况及下述规定作适当调整：

1）机床与墙、柱间的最小距离，见表5-3。

机床设备与墙、柱间的最小距离　　　　表 5-3

序号	图　示	最小距离
1		外部尺寸小于 500mm×1000mm、操作时机床无伸出部分的小型机床，在作正面排列时各机床间距离应在 500mm 以上，与墙、柱间距离为 100～200mm
2		中型和大型机床为 500mm
3		使用桥式起重机、梁式起重机时，大型机床到墙的距离 D 由 A 来决定（$A=B+C+200mm$），其中 A 为墙到机床中心线的距离，B 为起重机吊钩（位于极端时）到起重机轨道中心线的距离（B 值在起重量 5、10、15t 者，为 1100mm；起重量在 15/3t、20/5t 者，小钩 1050mm，大钩为 950mm；起重量 30/5t，小钩为 700mm，大钢为 1300mm），C 为起重机轨道中心线到墙的距离。$D=800～1500mm$
4		中小型及大型机床为 800～1000mm（大型机床采用较大之尺寸）
5		侧面无伸出部分的中小型及大型机床（大型机床采用较大的尺寸）为 500～700mm
6		侧面有伸出部分的中小型机床为 500mm

续表

序号	图示	最小距离
7	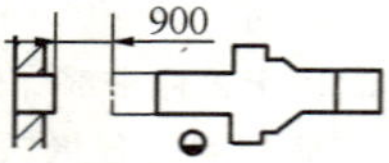 900	侧面有伸出部分的大型机床为900mm
8	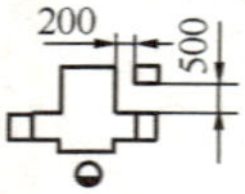 200 500	铣床及磨床为200mm及500mm
9	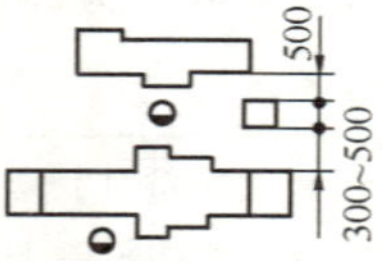 500 300~500	柱子在机床间的相互距离为300~500mm

2) 机床背面间的最小距离，见表5-4。

机床背面间的最小距离　　　　　表5-4

序号	图示	最小距离
1	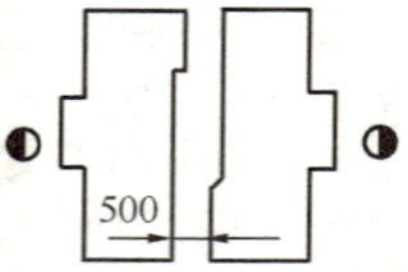 500	车床及转塔车床（附卧式旋转转塔刀架）距离为5000mm
2	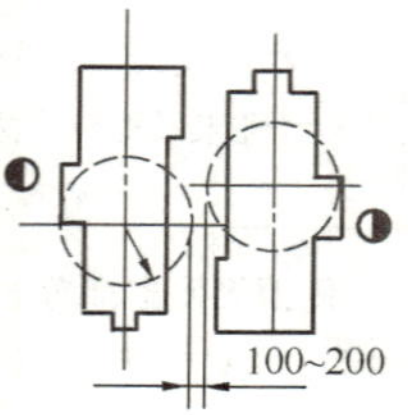 100~200	转塔车床（附立式旋转塔刀架）距离为100~200mm（R为转塔刀架刀具的最大旋转半径）
3	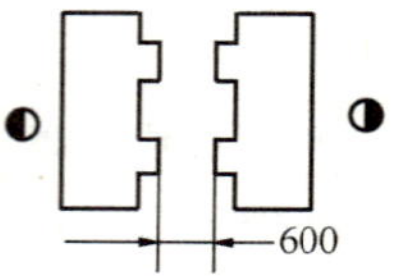 600	多刀车床及单轴或多轴半自动多刀车床距离为600mm

续表

序号	图 示	最小距离
4	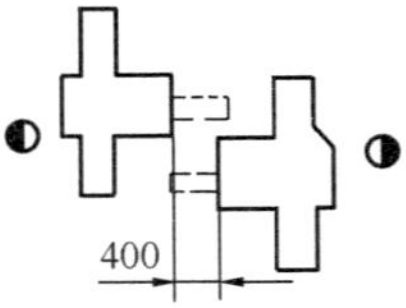 400	卧式铣床距离为400mm
5	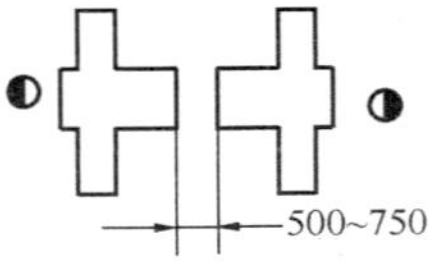 500~750	立式铣床（大型机床采用较大的尺寸）为500~750mm
6	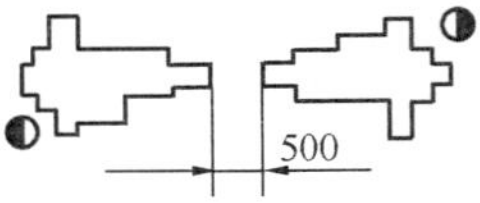 500	牛头刨床为500mm
7	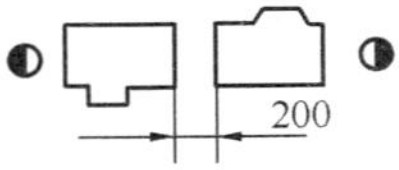 200	立式钻床（床身顶端有电动机座）为2000mm
8	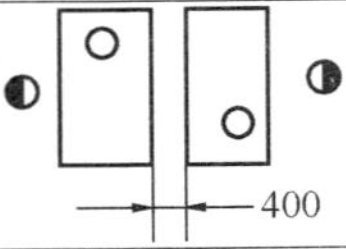 400	铣齿机（铣圆柱形齿轮用）为400mm
9	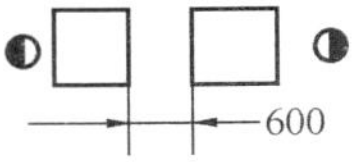 600	插齿机床距离为600mm
10	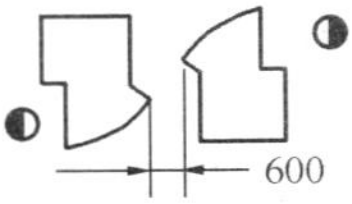 600	铣齿机（铣锥齿轮用）为600mm
11	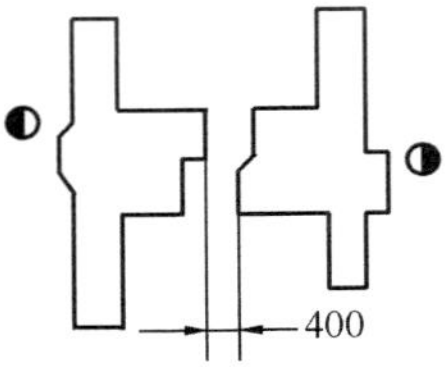 400	磨床为400mm

3) 机床横向排列时两机床间的最小距离，见表 5-5。

机床横向排列时两机床间的最小距离　　　　表 5-5

序号	图示	最小距离
1	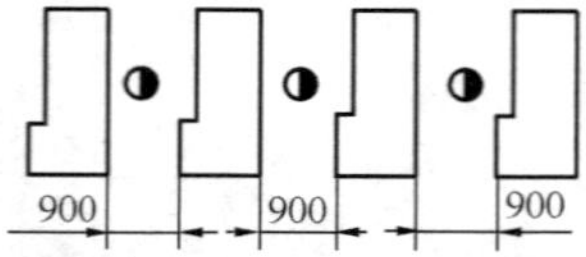 （900、900、900）	由一人操作一台机床时两机床间的距离如图 1、图 2、图 3 所示
2	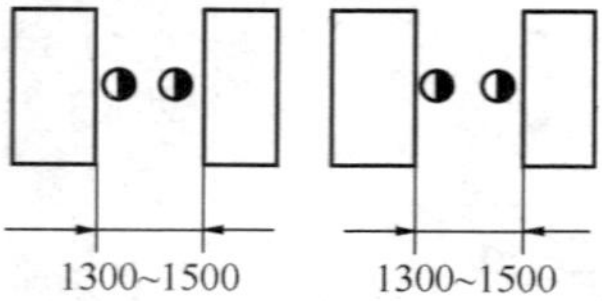 （1300~1500、1300~1500）	
3	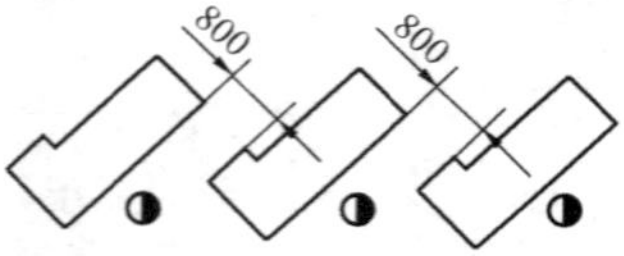 （800、800）	
4	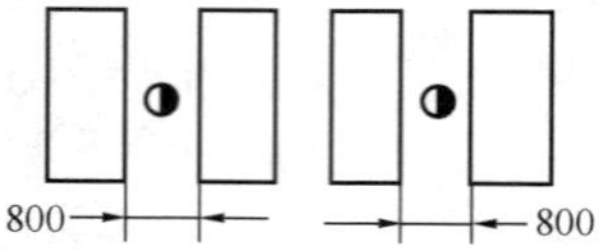 （800、800）	由一人操作两台机床时，两机床间的距离为 800mm

4) 机床纵向排列时两机床间的最小距离，见表 5-6。

机床纵向排列时两机床间的最小距离　　　　表 5-6

序号	图示	最小距离
1	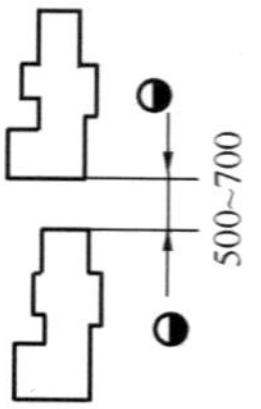 （500~700）	车床及转塔车床（大型机床采用较大的尺寸）为 500~700mm

续表

序号	图　示	最小距离
2	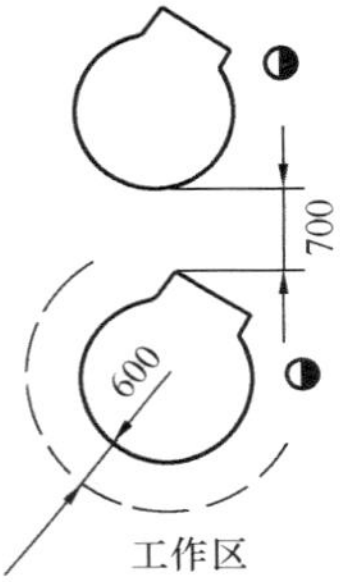	立式半自动车床为600mm及700mm
3	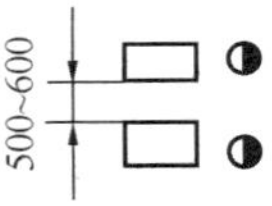	立式钻床（中型及大型）为500～600mm
4	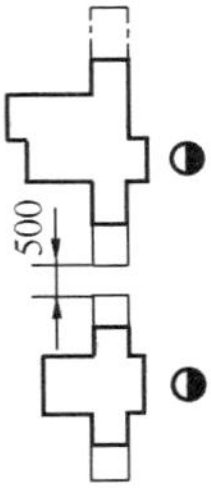	立式铣床、卧式铣床及磨床为500mm
5	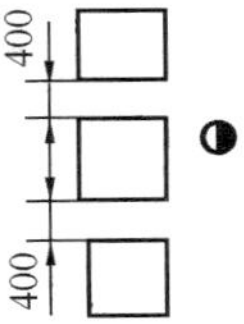	需由侧面操作的齿轮切削机床（516型插齿机）为400mm
6	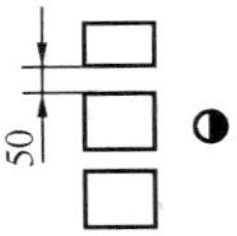	不需由侧面操作的齿轮切削机床（512型插齿机）为50mm

137

续表

序号	图示	最小距离
7	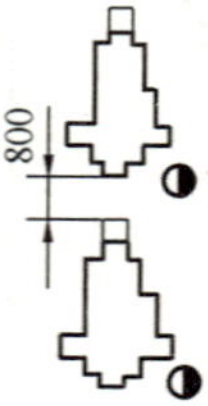	牛头刨床为 800mm
8	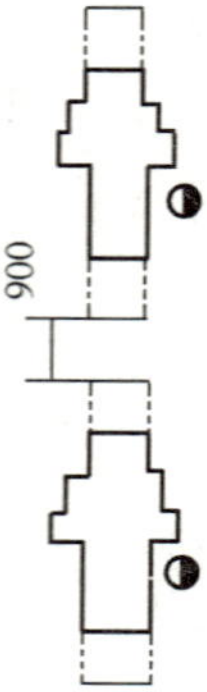	龙门刨床、龙门铣床、龙门磨床为 900mm

5）带式输送机、辊道、传送链等连续运输机械，在安装中应保证相互之间及与辅助设备间能正确地衔接。

（二）地脚螺栓的安装

1. 地脚螺栓的种类

地脚螺栓是将机械设备固定在基础上的一种金属件。它一般分为两类：

（1）死地脚螺栓。死地脚螺栓有长短两种，长地脚螺栓的长度为 500~2500mm 它用来在基础上固定工作时有冲击和震动较大的机器（有往复运动的机器）；短地脚螺栓的长度为 100~400mm，它用于固定工作载荷较平稳、无冲击和振动小的机器。

为了使地脚螺栓牢固地固定在螺栓座里，常把它的端部制成各种形状（如图 5-6）。

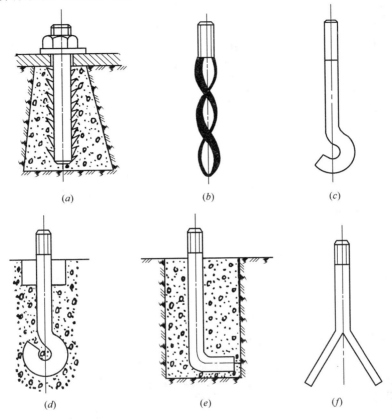

图 5-6 死地脚螺栓
（a）逆刺形；（b）螺旋形；（c）钩形；（d）环形；（e）L 形；（f）开脚形

（2）活地脚螺栓。活地脚螺栓有两种，一种的两端带有螺纹及螺母，图 5-7（a）；另一种下端为"T"字形，有一地脚板浇灌在地基内，板中有长方口，将螺栓下端"T"字形状的长方头安入后，扭转 90°与板上的长方口成正交，便不能拿出，如图 5-7（b）。活地脚螺栓孔，不应浇灌混凝土，以便于将来搬运设备或更换地脚螺栓。

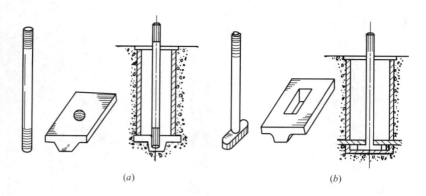

图 5-7 活地脚螺栓
(a) 螺纹头螺栓；(b) "T" 形头螺栓

2. 地脚螺栓的安装

（1）安装前的准备

安装地脚螺栓是设备安装中最主要的一项工作，安装的好坏对设备的影响很大，而且安装的技术也很复杂。因此，在安装前必须做好充分的准备工作，不但要准备好技术资料，熟悉好施工图，而且要准备好安装时所用的各种材料和工具（包括一些特殊工具）。安装时常用的主要工具见表 5-7。

安装地脚螺栓时常用的主要工具　　　表 5-7

	名称	规格	每组需用量	主要用途
1	钢丝	20～30 号	视工作量而定	用于找中心线和挂重锤
2	线坠	小	6～8 个	找中心和垂直度
3	钢卷尺	25m、2m	长、短各 2 个	找位置与标高，打试样
4	铸铁平尺	400mm	2 个	找垂直度与水平度
5	钢直尺	600mm	2 根	打试样
6	锤子	0.5kg、0.8kg	各 1 把	找正用
7	扁錾	125～160mm	8 把	錾削用
8	铁丝	22'～24'	视工作量而定	挂螺栓用
9	划针，样冲		备用	划线，打印
10	圆规	150～200mm	3 把	划线用
11	90°角尺	160～200mm	4 把	划线用
12	重锤	15～20kg	1 个	拉紧钢丝
13	粉笔		少许	涂色
14	毛笔		1 支	写、记号等
15	铅油	红	少许	写、记号等

（2）一次灌浆地脚螺栓的安装方法

1）准备好中心线调整架（图 5-8）和螺栓找直仪（图 5-9）。

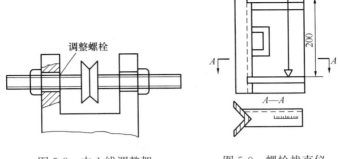

图 5-8　中心线调整架　　　　图 5-9　螺栓找直仪

2）检查固定架和地脚螺栓。

固定架应事先在基础上立好，不准有松动现象；固定螺栓用横梁的配置及标准高应与图样相符，并应保持水平，可用测量仪器检查。地脚螺栓应进行清洗，螺栓顶上应钻好中心孔，并检查螺栓是否正直，螺纹是否完好。不直的要矫正，螺母均应试拧。

3）焊螺栓固定架按图样在钢板上划出地脚螺栓固定板的位置。

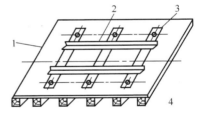

图 5-10　焊螺栓固定架
1—钢板；2—角钢；3—固定扳；4—枕木

尺寸线（以螺检中心为准）；把角钢和固定板焊在一起，然后进行尺寸检查，如图 5-10 所示。

4）安装线架。

在安装地脚螺栓时，为了找准螺栓的中心位置．高低和与地面的垂直度。通常挂一根钢丝作为中心线。利用线坠和钢直尺等来找正。钢丝两端挂在线架上，末端吊上重锤使线拉直（图 5-11），线架通常用角钢（$L50×50×5$）焊在螺栓固定架上，钢丝的高度以高于螺栓标高为宜。

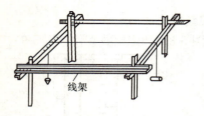

图 5-11 将钢丝安置于线架上

操作时,线架应根据设备基础的长度分段焊接,以免挂线过长、线坠不稳,一不小心挂线就会被碰掉或撞偏。挂钢丝必须使其跨过"中心线调整器",以防被碰动。

5)挂中心线(钢丝线)。

中心线是各螺栓中心的实际代表线,每个螺栓的安装位置必须根据它的中心线来确定。因而每一项安装工程或一台设备基础都要根据生产的特点和重要性确定设置一根或几根主要中心线(纵的或横的),安装前根据安装螺栓的需要,再确定几根附属中心线,这些中心线都以主要中心线为标准来挂设。挂设方法和步骤如下:

①挂线前,把已焊好的固定板全部安放到基础固定架上,根据固定板的编号按施工作业图排列。

②在线架上作出主要中心线及距离较长的附属中心线,并打上印,标上号。

③用 20#~30# 钢丝拉直挂在线架上,两端吊以重锤,将钢丝绷直,钢丝吊挂在线架上或直接嵌入刻缝内,用中心线调整器进行调整。为防止重锤落下伤人,应拴上保险绳。

6)找正螺栓固定板。

挂上中心线后,便可进行螺栓固定板的找正。其步骤如下:

①检查螺栓固定板的高度是否符合图样要求。

②将螺栓固定板的中心线和钢丝中心线对准(用线坠),并点焊定位。

③再检查一遍,若无移动,就可将螺栓固定板全部焊在固定架上。

7)串地脚螺栓。

为了使每个地脚螺栓都达到质量标准,必须按照下列规程进行操作:

①在串螺栓前,把该基础的螺栓和调整螺栓位置用的模板灰盒子清点整理,按规定位置分别堆放在固定板附近,并插上标示牌。

②按施工图上标出的螺栓规格和标高,把螺栓串到固定板上。

③串螺栓时应把灰盒子一起串上,并把螺栓高度拧到接近标高处,以便找正。

8) 地脚螺栓的找正如图 5-12 所示。

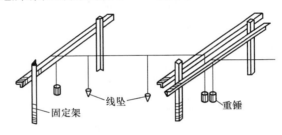

图 5-12　分段线架找正螺栓

①找正成行且标高相同的螺栓前,在两线架间拉上一根钢丝(或在两头的固定板上各焊一根 12~16mm 的小铁棍,在两铁棍间拉上一根钢丝),钢丝的高度由测量确定,应高出螺栓标 40mm。

②同一行螺栓标高都按照这根钢丝往下调至 40mm,但螺栓标高应从有效扣算起(图 5-13)。

③螺栓标高拉好后,由测量人员逐个检查,用铅油做好记号,此后不准再拧(图 5-14)。

④标高确定后,找正螺栓中心。每个螺栓事先均在头上钻好中心孔,找正时该中心孔应与纵横中心线相重合,最多不能超出 1mm。

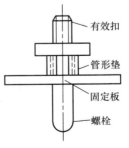

图 5-13　地脚螺栓的有效扣

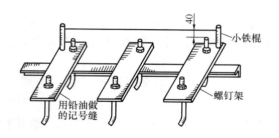

图 5-14 找正螺栓标高

⑤在找正螺栓中心的同时应检查螺栓与地平面的垂直度。两者均符合要求后才能焊死。

9）地脚螺栓的固定（焊死）

①找正中、小型螺栓中心和垂直度后，把螺母点焊在固定板上，并上下检查一遍，然后在下部螺杆上焊上 4～6 根圆钢，应分成几个方向焊在固定架上。

②安装大螺栓时只安装螺栓套筒，根据套筒侧壁和顶盖上的中心孔进行找正。因螺栓套筒很重，因此应设法在下部支持，同时要用 7～8 根角钢焊在固定架上（图 5-15）。

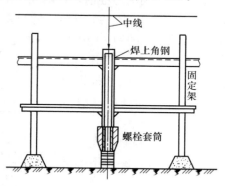

图 5-15 地脚螺栓的安装

③中、小螺栓有灰盒子，应与螺栓同时串上，并用铁丝挂在固定架上。螺栓焊死后，再用铁丝拴在螺栓上。

（3）预留孔地脚螺栓的安放

1) 弯钩式地脚螺栓的安放。

弯钩式地脚螺栓在基础预留孔内的安放情况如图 5-16 所示。其下端弯钩处不得碰到孔壁,到孔壁各侧面的距离 a 不得小于 15mm。如间隙太小,灌浆时不易填满,混凝土内就会出现孔洞。地脚螺栓上端要露 2～3 牙,不得缩入螺母内。

如设备安装在地下室顶上的混凝土板或混凝土楼板上时,则地脚螺栓弯曲部分应钩在钢筋上。如无钢筋,须加一圆钢串在螺栓的弯钩部分(图 5-17)。

2) 锚定式活地脚螺栓的安放。

如图 5-18 所示。在设备就位前,锚板应安放平正稳固,要

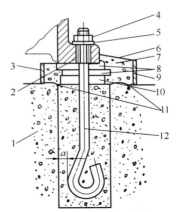

图 5-16 地脚螺栓、垫铁、灌浆部分示意图
1—地坪或基础;2—设备底座底面;3—内模板;4—螺母;5—垫圈;6—灌浆层斜面;7—灌浆层;8—钩头成对斜垫铁;9—外模板;10—平垫铁;11—麻面;12—地脚螺栓

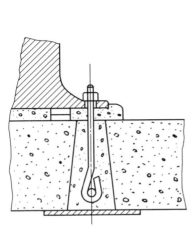

图 5-17 地脚螺栓的加固

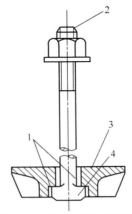

图 5-18 锚定式活地脚螺栓
1—锚扳上容纳螺栓矩形头的凹槽;2—螺栓末端的端面;3—锚板;4—螺栓矩形头

检查锚板与螺栓矩形头的配合情况。在地脚螺栓的末端做出标记，标明螺栓矩形头的方向。在基础表面上做出明显的标记，标明锚板容纳螺栓矩形头的方向。设备就位后，拧紧螺母前，螺栓矩形头应正确地嵌入锚板槽口内，并按照标记检查螺栓矩形头与锚板容纳槽的方向，二者应紧密嵌合。

（4）拧紧地脚螺栓螺母应注意的事项

1）地脚螺栓的螺母下应加垫圈；起重运输设备的地脚螺栓须用锁紧装置锁紧（如加弹簧垫圈、双螺母、开口销等）。

2）在地脚螺栓拧上螺母以前，应用机油或黄油润滑，以防日后锈蚀而使拆卸困难。

3）在混凝土达到设计强度的 75% 以后，方准拧紧地脚螺栓。

4）拧紧地脚螺栓应从设备的中间开始，然后往两头交错对角进行拧紧。拧时用力要均匀。严禁紧完一边再紧另一边。紧完螺母后，要用框式水平仪复查一下地脚螺栓的垂直度。拧紧次序如图 5-19 所示。

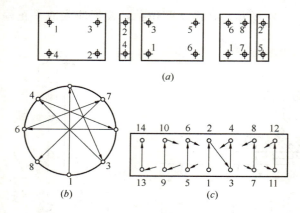

图 5-19 拧紧地脚螺栓的顺序

拧紧地脚螺栓所需的力矩见表 5-8。表上规定仅适用于材料是软钢的地脚螺栓，其他螺栓所需的拧紧力矩。

拧紧地脚螺栓所需的力矩　　　　　　表 5-8

螺栓直径 (mm)	拧紧力矩	螺栓直径 (mm)	拧紧力矩 (N·m)	螺栓直径 (mm)	拧紧力矩 (N·m)
10	11	18	66	27	210
12	19	20	95	30	320
14	30	22	130	36	580
16	48	24	100	—	

（三）垫铁的安放

在设备底座下安放垫铁的目的，主要是为了调整设备的标高和水平度，同时使设备的全部重量通过垫铁均匀地传递到基础上。

1. 垫铁的种类、规格和应用

（1）平垫铁（又称矩形垫铁）常用于一般轧钢设备上，其规格见表 5-9。

（2）斜垫铁（又称斜插式垫铁）大多用于振动大、构造精密的设备上。一般斜垫铁下要有平垫铁。斜垫铁规格见表 5-9。

（3）开口垫铁　用于安装设在金属结构上的设备及由两个以上面积都很小的底脚支持的设备。这种垫铁的形状如图 5-20 所示，其尺寸如下：

1）开口宽度 D 应比地脚螺栓直径大 1～5mm。

2）宽度 W 一般和设备底脚的宽度相等；当需要焊接固定时应较底脚宽度大。

3）长度 L 应比设备底脚长度略长 20～40mm。

（4）L 形垫铁当以上几种垫铁不能放置时采用。如剪断机，因底脚与垫板接触面很小，所以采用 L 形垫铁较好（图 5-21）。其中留出之孔，就是地脚螺栓的位置。

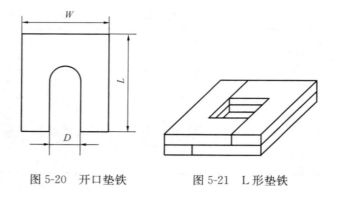

图 5-20 开口垫铁　　图 5-21 L形垫铁

平垫铁和斜垫铁的规格　　表 5-9

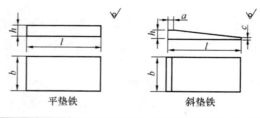

平垫铁　　斜垫铁

序号	平垫铁				斜垫铁					
	代号	l	b	材料	代号	l	b	c	a	材料
1	平1	90	60	铸铁或普通碳素钢	斜1	100	50	3	4	普通碳素钢
2	平2	110	70		斜2	120	60	4	6	
3	平3	125	85		斜3	140	70	4	8	

注：1. 厚度 h 可按实际需要和材料决定；斜垫铁斜度为 1/10～1/20。

2. 斜垫铁应与同号平垫铁配合使用，即"斜1"配"平1"，"斜2"配"平2"，"斜3"配"平3"。

3. 如有特殊要求，可采用其他加工精度和规格的垫铁。

(5) 螺栓调整垫铁其构造很简单，是应用两个斜滑板相对移动、改变总高度的原理做成的（图 5-22）采用这种垫铁，只需拧动调整螺钉，即可灵敏调节机床的高低，既方便、准确，又提高了效率。

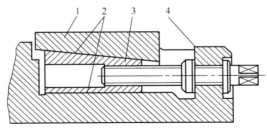

图 5-22 螺栓调整垫铁
1—升降块；2—调整块滑动面；3—调整块；4—垫座

2. 垫铁的放置法

（1）标准垫法。如图 5-23 所示，一般都采用这种垫法。它是将垫铁放在地脚螺栓的两侧，这也是放置垫铁的基本原则。

（2）十字垫法。如图 5-24 所示，当设备底座小、地脚螺栓间距近时用这种方法。

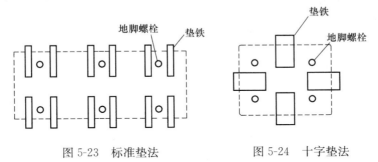

图 5-23 标准垫法　　图 5-24 十字垫法

（3）筋底垫法。如图 5-25 所示，设备底座下部有筋时，一定要把垫铁垫在筋底下。

（4）辅助垫法。如图 5-26 所示，当地脚螺栓间距太远时，中间要加一辅助垫铁。一般垫铁间允许的最大距离为 500～1000mm。

（5）混合垫法。如图 5-27 所示，根据设备底座的形状和地脚螺栓间距的大小来

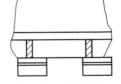

图 5-25 筋底垫法

放置，金属切削机床一类的设备大都采用这种方法。

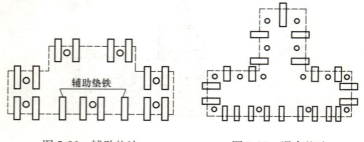

图 5-26　辅助垫法　　　　图 5-27　混合垫法

3. 放垫铁的注意事项

（1）垫铁的高度应在 30～100mm 内，过高将影响设备的稳定性，过低则二次灌浆层不易牢固。

（2）为了更好地承受压力，垫铁与基础面必须紧密贴合。因此，基础面上放垫铁的位置不平时，一定要凿平。

（3）设备机座下面有向内的凸缘时，垫铁要安放在凸缘下面。

（4）设备找平后，平垫铁应露出设备底座外缘 10～30mm，斜垫铁应露出 10～50mm，以利于调整。而垫铁与地脚螺栓边缘的距离应为 50～150mm，以便于螺孔灌浆。

（5）每叠垫铁的块数越少越好（最多不得超过 3 块）厚的放在下面，薄的放在上面，最薄的放在中间。在拧紧地脚螺栓后，每叠垫铁的压紧程度必须一致，不允许有松动现象。

（6）在设备找正后，如果是钢垫铁，一定要把每叠垫铁都以点焊的方法焊接在一起。

（7）在放垫铁时，还必须考虑基础混凝土的承压能力。一般情况下，通过垫铁传到基础上的压力不得超过 1.2～1.5MPa。有些机械设备，安装使用垫铁的数量和形状在设备说明书或设计图上部规定。而且垫铁也随同设备一起带来。因此，安装时必须根据图样规定来做。如未作规定，在安装时可参照前面所述的各项要求和做法进行。

（四）设备的找正

垫铁放好、设备就位后，便可进行设备找正。找正就是将设备不偏不倚地正好放在规定的位置上，使设备的纵横中心线和基础的中心线对正。设备找正包括3个方面：找正设备中心、找正设备标高和找正设备的水平度。

1. 找正设备中心

设备放到基础上，就可以根据中心标板挂中心线来对准设备的中心线，以定设备的正确位置。

（1）挂中心线

挂中心线可采用线架，大设备使用固定线架，小设备使用活动线架。挂中心线时应注意以下事项：

1）挂中心线要用直径0.5～0.8mm的整根钢丝。中心线的长度不得超过40m。两纵横中心线交叉时，长的应在下方，短的应在上方，其间距不得小于300mm，以免互相接触。

2）吊线坠的线应细，而且要柔软、结实。利用线坠的尖对准设备基础表面上的中心点，可在同一根中心线上挂两个线坠，前后两个线坠的尖应互相对准（图5-28）。精密检查时，吊线坠的线可用细而光的缝衣线，使检查结果准确。

3）对准中心标板的线坠要大些，而对准设备中心的线坠则要小些，以减小钢丝的挠度（图5-29）。

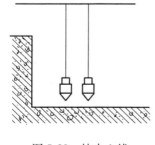

图5-28 挂中心线

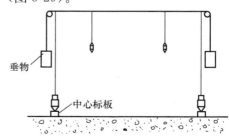

图5-29 挂线坠

（2）找设备中心

1）根据加工的圆孔找中心。图 5-30 所示为辊式矫正机找正中心的方法。它是根据两个已加工的圆孔，在孔内钉上木头和铁片来找设备中心的。图中 a 为两圆孔中心与设备中心的距离。

2）根据轴的端面找中心。有些设备轴很短，只有轴头端面露在外面。这时，可在轴头端面的中心孔内塞上铅皮，然后用圆规在铅皮上找出中心（图 5-31）。

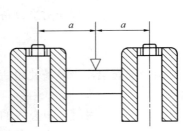 

图 5-30　根据加工圆孔找中心　　　图 5-31　根据轴的端面找中心

3）根据侧加工面找中心。一般减速机，可根据两侧装挡油盖的加工面分出中心（a 为侧加工面至设备中心的距离），找正设备。如图 5-32 所示。

4）根据轴瓦瓦口找中心。图 5-33 所示为一减速箱座，它是根据轴瓦瓦口找中心的（a 为瓦口中心线与设备中心的距离）。在瓦口上卡一块木板，在木板上钉一块小铁片，然后用圆规在铁片上找出中心。

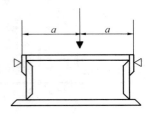 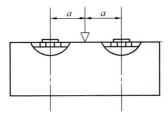

图 5-32　根据侧加工面找设备中心　　图 5-33　根据轴瓦瓦口找中心

2. 找正设备标高

机械设备坐落在厂房内，其相互间各自应有的高度，就是设备的标高。找正设备标高的方法如下：

（1）按加工平面找标高
设备上的加工面可直接作为找标高用的平面，把水平仪、铸铁平尺放在加工面上，即可量出设备的标高。图 5-34 所示为减速器外壳找标高的方法。

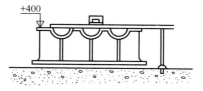

图 5-34　按加工平面找标高

（2）根据斜面找标高　有些减速器的盖面是倾斜的，虽然盖和机体的接触面是加工面，但是不能用作找标高的基面。此时可利用两个轴承外套来找标高，如图 5-35 所示。

（3）按曲面找标高　按图样找出与曲面下部相切的水平面的标高，度量时用铸铁平尺引出（图 5-36）。但因铸铁平尺不能与曲面完全接触，而存在有间隙，为此可以用塞尺检查曲面与铸铁平尺下部的间隙，并把它计算在度量标高的尺寸内。

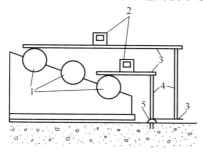

图 5-35　根据斜面找标高
1—轴承外套；2—框式水平仪；
3—铸铁平尺；4—量棍；5—基准点

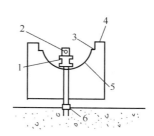

图 5-36　按圆曲面找标高
1—铸铁平尺；2—框式水平仪；
3—平面；4—结合面；5—弧面；
6—基准点

（4）用样板找标高　如果设备本身没有水平面或曲面，而只有斜面时，可用精密的样板按斜面的斜度放在机体上，以样板上的水平面作为找标高的标准面（图5-37）。

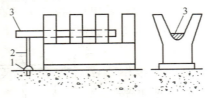

图5-37　用样扳找标高
1—基准点；2—量棒；3—样板

（5）利用水准仪找标高这是最简便的方法，但必须考虑在设备上能放标尺，并且设备和其附近的建筑物不妨碍测量视线和有足够放置测量仪器的地方（图5-38）。

3. 找正设备的水平度

找水平，就是将设备调整到水平状态，也

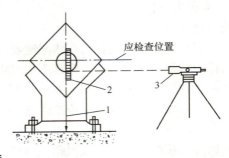

图5-38　利用水准仪找标高
1—线坠；2—标尺；3—水准仪

就是说，把设备上主要的面调整得和水平面平行。找水平是一项很重要的工作，因为它直接影响着设备的安装质量。找水平的主要目的是：

1）为了保持设备的稳定和平衡，从而避免变形，减少运转中的振动。

2）减少设备的磨损和动力消耗，从而延长设备的使用寿命。

3）保证设备的润滑和正常运转。

4）保证产品质量和加工精度。

找水平的关键，不仅在于操作方法，而且还在于要正确选择找水平的基准面，现分述如下：

（1）正确选择找正设备水平度的基准面

1)以加工平面为基准面这是最常用的基准面,纵横方位找平及找标高都是以此为基准。图 5-39 就是以加工平面为基准面找正减速器底座水平度的例子。

2)以加工的立面为基准面有些设备只找正水平面的水平度是不够的,立面的垂直度也要找正,这时可以加工的立面为基准面。如轧钢机中人字齿轮箱的立面是主要加工面,图 5-40 所示就是利用这个面找水平的。

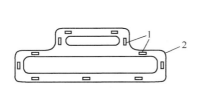

图 5-39 减速器底座的找平
1—框式水平仪;2—底座

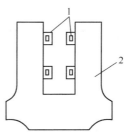

图 5-40 人字齿轮箱的找平
1—框式水平仪;2—机架

(2)找正设备水平度的方法

1)卧式车床水平度的找正。找正卧式车床的水平度时,可将水平议按纵横方向放在溜板上(见图 5-41),在车床的两端测量纵横方向的水平度。测出哪一面低,就打哪一面的斜垫铁。要反复测量,反复调整,直到合格为止。

2)牛头刨床水平度的找正。找正牛头刨床的水平度时,可将水平仪放在图 5-42 所示的位置上进行纵横水平度的测量。在横向导轨的

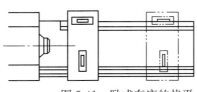

图 5-41 卧式车床的找平

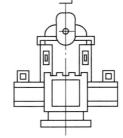

图 5-42 牛头刨床的找平

两端测量横向水平度，在床身垂直导轨上检查纵向水平度，并进行调整。

（五）浇灌砂浆

每台设备安装完毕，通过严格检查符合安装技术标准，并经有关单位审查合格后，即可进行灌浆。

灌浆，就是将设备底座与基础表面的空隙及地脚螺栓孔用混凝土或砂浆灌满。其作用之一是固定垫铁（可调垫铁的活动部分不能浇固），另一作用是可传递一些设备负荷到基础上。

1. 灌浆操作要点

（1）灌浆前，要把灌浆处用水冲洗干净，以保证新浇混凝土（或砂浆）与原混凝土结合牢固。

（2）灌浆一般采用细石混凝土（或水泥砂浆）其强度等级至少应比基础混凝土强度等级高一级，并且不低于C15。石子可根据缝隙大小选用5～15mm的粒径，水泥用32.5级或42.5级。

（3）灌浆时，应放一圈外模板，其边缘距设备底座边缘一般不小于60mm；如果设备底座下的整个面积不必全部灌浆，而且灌浆层需承受设备负荷时，还要放内模板，以保证灌浆层的质量。内模板到设备底座外缘的距离应大于100mm，同时也不能小于底座底面边宽。灌浆层的高度，在底座外面应高于底座的底面。灌浆层的上表面应略有坡度（坡度向外），以防油、水流入设备底座。

（4）灌浆工作要连续进行，不能中断，要一次灌完。混凝土或砂浆要分层捣实。捣实时，不能集中在一处捣，要保持地脚螺栓和安装平面垂直。否则不仅会造成安装困难，而且也将影响设备的精度。

（5）灌浆后，要洒水养护，养护日期不少于一周；洒水次数以能保持混凝土具有足够的湿润状态为度。待混凝土养护达到其强度的70%以上时，才允许拧紧地脚螺栓。混凝土达到其强度的70%所需的时间与气温有关，可参考表5-10。

混凝土达到70%强度所需的天数　　　　　　　　　　表5-10

气温（℃）	5	10	15	20	25	30
需要天数	21	14	11	9	8	6

注：本表系指P·O42.5的普通水泥拌制的混凝土。

2. 压浆法

为了使垫铁和设备底座底面、灌浆层接触更好，可采用压浆法。其操作方法如下：

（1）先在地脚螺栓上点焊一根小圆钢（图5-43）作为支承垫铁的托架。点焊的强度以保证压浆时能被胀脱为度。

（2）将焊有小圆钢的地脚螺栓串入设备底座的螺栓孔。

（3）设备用临时垫铁组初步找正。

（4）将调整垫铁的升降块调至最低位置，并将垫铁放到小圆钢

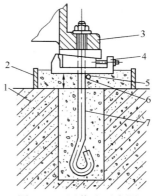

图5-43　压浆法示意图
1—基础或地坪；2—压浆层；
3—设备地座；4—调整垫铁；
5—小圆钢；6—点焊位置；
7—地脚螺栓

上，将地脚螺栓的螺母稍稍拧紧，使垫铁与设备底座紧密接触，暂时固定在正确位置。

（5）灌浆时，一般应先灌满地脚螺栓孔，待混凝土达到规定强度的75%后，再灌垫铁下面的压浆层，压浆层的厚度a一般为30～50mm。

（6）压浆层达到初凝后期（手指揿压，还能略有凹印）时，调整升降块，胀脱小圆钢，将压浆层压紧。

（7）压浆层达到规定强度的75%后，拆除临时垫铁组，进行设备的最后找正。

（8）当不能利用地脚螺栓支承调整垫铁时，可采用螺钉调整

垫铁或斜垫铁支承调整垫铁。待压浆层达到初凝后期时，松开调整螺钉或拆除斜垫铁，调整升降块，将压浆层压紧。

（六）设备的几种安装方法

1. 整体安装法

某些机械设备（如吊车等）可采用整体安装法。如安装桥式吊车时，如果先将它吊到轨道上，然后再进行组装、清洗，将给安装工作造成很多困难。因此，这些设备应预先在地面上进行清洗、装配，组装成整体，而后吊装到基础上进行找正。

整体安装法的优点是：可以减少不必要的高空作业，节省原材料，提高工作效率，缩短安装周期。在有条件的地方，还可将清洗和装配工作集中起来，进行专业化施工。

整体安装法的适用范围很广，除了用于桥式吊车安装外，对于高空设备的安装以及化工设备中各种槽、罐、塔等的安装，都有很好的效果。同时也适用于安装小型的单动设备。

2. 座浆安装法

座浆安装法是在混凝土基础放置设备垫铁的位置上凿一个锅底形凹坑。然后浇灌无收缩混凝土（或无收缩水泥砂浆），并在其上放置垫铁，调好标高和水平度，养护1~3d后进行设备安装的一种新工艺。其优点是可以大大提高劳动生产率，并且由于增加了垫铁和混凝土的接触面积，新老混凝土粘结牢固，从而提高了安装质量。

座浆安装法的操作步骤如下：

（1）座浆前，在安装设备垫铁的位置上，用风镐或其他工具凿一个锅底形凹坑，清除浮灰，用水冲洗，并除去积水。

（2）将事先做好的木模箱安置在垫铁位置上，木模箱尺寸要求如图5-44所示。

（3）座浆时，在木模箱内将砂浆捣实，达到表面平整，并略有出水现象为止。座浆层厚度如图5-45所示。

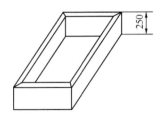
图 5-44　木模箱

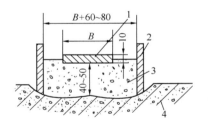
图 5-45　座浆层尺寸
1—垫铁（B 为垫铁宽度）；
2—模板；3—砂浆；4—基础

（4）座浆用的水泥砂浆或混凝土按下列比例配制：

1）水泥 62.5 级砂∶石∶水＝1∶1∶1∶0.37；

2）防收缩剂∶水泥∶砂∶水＝1∶1∶1∶0.4；

3）水泥∶砂∶石∶水＝1∶1∶1∶适量。

水灰比一般为 0.37～0.4，经验证明用 0.37 比较适当。砂、石要用水洗净。搅拌用水应洁净。砂浆或混凝土应搅拌均匀。

（5）用水准仪和水平仪测定垫铁的标高和水平度，如有高低不平时，可调整垫铁下面的砂浆层厚度。

（6）垫铁每组采用 3 块：一块平垫铁，约 10mm 厚；两块斜垫铁，斜度为 1/15。也可采用一块厚 2～3mm 的平垫铁和两块斜度为 1/50 的斜垫铁。

（7）一般在 36h 后即可进行设备安装。

3. 无垫铁安装法

无垫铁安装法是一种新的施工方法，由于它和有垫铁安装相比具有许多优点，所以在机械设备安装中得到了推广。采用这种方法，不仅可以提高安装质量和效率，而且可以节约劳动力和大量钢材特别是用于大型设备的安装时，效果更为显著。

（1）种类

根据拆除斜铁和垫铁的早晚，无垫铁安装法分为以下两种

1）混凝土早期强度承压法，是当二次灌浆层混凝土凝固后，

即将斜铁和垫铁拆去,待混凝土达到一定强度时,才把地脚螺栓拧紧。这种方法可以得到比较满意的水平精度。但是,当拆垫铁时,往往容易产生水平误差。如果只是由于混凝土强度低,弹性模量小出现水平误差,只需稍微调整地脚螺栓,即可得到理想的水平精度。

2) 混凝土强度后期承压法,是当二次灌浆层养护期满后,才拆去斜铁和垫铁并拧紧地脚螺栓的。这种方法由于养护期较长,混凝土强度较高,其弹性模量较大,在压力作用下,其变形较小。采用这种方法,当拆去斜铁和垫铁时,不易产生水平误差,但是如果出现水平误差,则不易调整。因此,这种安装方法一般适用于对水平度要求不太严格的设备的安装。

(2) 安装过程

无垫铁安装法的安装过程和有垫铁安装法大致一样。所不同的是无垫铁安装法的找正、找平、找标高的调整工作是利用斜铁或垫铁进行的;而当调整工作做完,地脚螺栓拧紧后,即进行二次灌浆;当二次灌浆层达到要求的强度后,便把斜铁和垫铁(即只作调整用的斜铁和垫铁)拆去;斜铁和垫铁拆去后,再将其所空出来的位置灌以水泥砂浆,并再次拧紧地脚螺栓,同时复查标高、水平度和中心线。

(3) 安装注意事项

1) 无垫铁安装法必须根据安装人员的技术熟练程度和设备的具体情况(如振动力的大小等)认真地加以考虑后选用,并且还要得到土建部门的密切配合。特别应当指出,无垫铁安装法不适用于某些在生产过程中经常要调整精度的精密镗床和龙门刨床。这类机床一般出厂时都带有设计规定的可调垫铁。

2) 无垫铁安装法所用的找平工其为斜铁和平垫铁,斜铁的规格如图 5-46 所示。

3) 安装前,设备的基础应经过验收,垫斜铁处应铲平,并在斜铁下垫平垫铁;平垫铁的宽度与斜铁相等,长度约等于斜铁之半,厚度则根据标高而定。

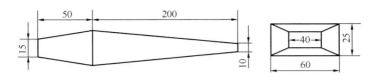

图 5-46 调整用的斜铁

4）设备底座为空心者，应设法在安装前灌满浆，或在二次灌浆时采用压力灌浆法。

5）设备找平、找正后，用力拧紧地脚螺栓的螺母，将斜铁压紧。

6）安装完到二次灌浆的时间间隔，不应超过 24h；如果超过，在灌浆前应重新检查。

7）灌浆前在斜铁周围要支上木模箱，以便以后取出斜铁。

8）灌浆时，应注意用力捣实水泥砂浆。水泥砂浆的标号 M15 号。二次灌浆层的高度，原则上应不低于 100mm，一般机床则不低于 60mm。

9）等到二次灌浆层达要求的强度后，才允许抽出斜铁。

4. 三点安装法

这是一种快速找平的安装方法，其操作步骤如下（图5-47）：

1）在机械设备底座下选择适当的位置，放上三个斜铁（或千斤顶）。由于设备底座只有三个点与斜铁接触，恰好组成一个平面，所以调整三个点的高度，很容易达到所要求的设备安装精度。调整好后，使标高略高于设计标高 1~2mm。

2）将永久垫铁放入所要求的位置，其松紧度以锤子能轻轻敲入为准，并要求全部永久垫铁都具有一样的松紧度。

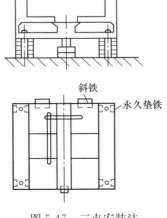

图 5-47 三点安装法

3）将斜铁拆除，使机座落在永久垫铁上；拧紧地脚螺栓，并检查设备的标高和水平度以及垫铁的松紧度。合格后，进行二次灌浆。

采用三点安装法找平、找正时，应注意选择斜铁（或千斤顶）的位置，要使设备的重心在所选三点的范围内，以保持设备的稳定。如果不稳定可增加辅助斜铁，但这些辅助斜铁不起主要调整作用。同时要注意使斜铁或垫铁具有足够的面积，以保证三点处的基础不被破坏。

六、典型设备安装操作技能

（一）泵 安 装

泵是把机械能转变为液体势能和动能的一种动力设备。按工作原理分，有叶片式、容积式和其他类型的泵（如真空泵、射流泵等）；按压力又分，有低压、中压泵和高压泵。

1. 施工准备

（1）技术准备

1）已编制施工方案，重点部位已绘制综合布管图，并通过审批。

2）建筑、结构轴线、坐标、标高已交接、确认。

3）已进行技术交底，并做好记录。

（2）材料质量要求

1）核对水泵的名称、型号、规格等有关技术参数是否符合设计要求和国家标准要求。

2）水泵外观完好，无损伤、损坏和锈蚀情况；管口封闭完好；说明书、合格证等随机文件应齐全；按装箱清单检查随箱附零配件、工具等应齐全。

3）水泵的主要安装尺寸应符合水泵房现场实际尺寸要求。

4）对输送特殊介质的水泵应核对主要零件、密封件以及垫片的品种和规格是否符合要求。

（3）主要机具仪表

1）机具：捯链、滑轮、绳索、撬棍、滚杠、木方、千斤顶、活动扳手、铁锤、线坠、平板车、人字梯、冲击钻、电焊机、油漆桶、钢丝刷、油刷、棉纱等。

163

2）仪表：水平尺、塞尺、直角尺、钢尺、卷尺、百分表、游标卡尺。

（4）作业条件

1）土建工程施工完毕，室内装修基本完成，施工现场已清理干净。

2）预埋管道、套管及预留孔洞等核对完毕，坐标、标高正确，符合要求。

3）水泵基础已放线复核，坐标、标高、强度等符合要求。

4）施工临时用电、照明已通过验收。

5）材料设备已进场，质量符合要求，需报验的材料设备已办理报验手续。

2. 基础检验

基础坐标、标高、尺寸、预留孔洞应符合设计要求。基础表面平整、混凝土强度达到设备安装要求。

（1）水泵基础的平面尺寸，无隔振安装时应较水泵机组底座四周各宽出 100～50mm；有隔振安装时应较水泵隔振基座四周各宽出 150mm。基础顶部标高，无隔振安装时应高出泵房地面完成面 100mm 以上，有隔振安装时应高出泵房地面完成面 50mm 以上，且不得形成积水。基础外围周边设有排水设施，便于维修时泄水或排除事故漏水。

（2）水泵基础表面和地脚螺栓预留孔中的油污、碎石、泥土、积水等应清除干净；预埋地脚螺栓的螺纹和螺母应保护完好；放置垫铁部位表面应凿平。

3. 水泵就位

将水泵放置在基础上，用垫铁将水泵找正找平。水泵安装后同一组垫铁应点焊在一起，以免受力时松动。

（1）水泵无隔振安装

水泵找正找平后，装上地脚螺栓，螺杆应垂直，螺杆外露长度宜为螺杆直径的 1/2。地脚螺栓二次灌浆时，混凝土的强度应比基础高 1～2 级，且不得低于 C25；灌浆时应捣实，并不应使地脚螺栓倾斜和影响水泵机组的安装精度。

（2）水泵隔振安装

1）卧式水泵隔振安装卧式水泵机组的隔振措施是在钢筋混凝土基座或型钢基座下安装橡胶减振器（垫）或弹簧减振器，如图 6-1 所示。

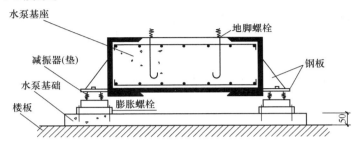

图 6-1　卧式水泵隔振安装

2）立式水泵机组的隔振措施是在水泵机组底座或钢垫板下安装橡胶减振器（垫），如图 6-2 所示。

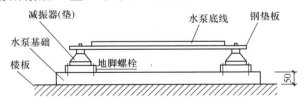

图 6-2　立式水泵隔振安装

3）水泵机组底座和减振基座或钢垫板之间采用刚性连接。减振器的型号规格、安装位置应符合设计要求。同一个基座下的减振器（垫）应采用同一生产厂的同一型号产品。

4）水泵机组在安装减振器（垫）过程中必须采取防止水泵机组倾斜的措施。当水泵机组减振器（垫）安装后，在安装水泵机组进出水管道、配件及附件时，亦必须采取防止水泵机组倾斜的措施，以确保安全施工。

（3）大型水泵现场组装

大型水泵的水泵与电机分离需在现场组装时，注意事项如下：

1) 在混凝土基础上按照设计图纸制作型钢支架，并用地脚螺栓固定在基础上，进行粗水平。

2) 水泵与电机就位。就位前电机如需做抽芯检查，应保证不磕碰电机转子和定子绕组的漆包线皮。检查定子槽立式水泵隔振安装内有无异物；测试转子与定子间隙是否均匀，有无扫膛现象；电机轴承是否完好。更换润滑油。水泵如需清洗，需解体进行。当采用轴瓦形式时，需检测轴瓦间隙，避免出现过松或抱轴现象。

水泵和电机的联轴器用键与轴固定，要求安装平正。可采用角尺或水平尺测量。一切就绪即可就位。

4. 检测与调整

（1）用水平仪和线坠对水泵进出口法兰和底座加工面进行测量与调整，对水泵进行精安装，整体安装的水泵，卧式泵体水平度不应大于 0.1/1000，立式泵体垂直度不应大于 0.1/1000。

（2）水泵与电机采用联轴器连接时，用百分表、塞尺等在联轴器的轴向和径向进行测量和调整，联轴器轴向倾斜不应大于 0.8/1000，径向位移不应大于 0.1mm。

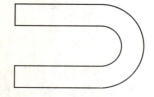

图 6-3　薄钢板调整垫片

（3）调整水泵与电机同心度时，应松开联轴器上的螺栓、水泵与电机和底座连接的螺栓采用不同厚度的薄钢板或薄铜皮来调整角位移和径向位移。微微撬起电机或水泵的某一需调整的角，将剪成如图 6-3 所示形状的薄钢板或薄铜皮垫在螺栓处。当检测合格后，拧紧原松开的螺栓即可。

5. 润滑与加油

检查水泵的油杯并加油，盘动联轴器，水泵盘车应灵活，无异常现象。

6. 试运转

打开进水阀门、水泵排气阀，使水泵灌满水。将水泵出水管上阀门关闭。先点动水泵检查有无异常、电动机的转向是否符合泵的转向要求。然后启动水泵，慢慢打开出水管上阀门，检查水泵运转情况、电机及轴承温升、压力表和真空表的指针数值、管道连接情况，应正常并符合设计要求。

（二）风 机 安 装

风机是把机械能转变为气体势能和动能的一种动力设备。按工作原理分为叶片式、容积式；按压力又分为通风机、鼓风机和压气机。

施工准备、基础检查与验收、地脚螺栓、垫铁的安装同泵安装。

1. 轴承箱的找正、找平

整体安装的轴承箱的纵向和横向安装水平偏差不应大于 0.10/1000，在轴承箱中分面处进行测量，其纵向安装水平也可在主轴上进行测量；左、右分开式轴承箱在每个轴承箱中分面的纵向偏差不应大于 0.04/1000；横向安装水平偏差不应大于 0.80/1000；主轴轴颈处的安装水平偏差不应大于 0.04/1000；轴承孔对主轴轴线在水平面内的对称度偏差不大于 0.06mm（即测量轴承箱两侧密封径向间隙之差）。对有滑动轴承的通风机，轴瓦、轴颈推力瓦与推力盘等的安装应符合设备技术文件的规定。

对于转子和轴承组合在一起的风机，安装时，必须先将风机外壳下部初步就位，然后再安装转子和轴承座，对于转子和轴承轴座不为整体时，应以转子轴线为基准找正机壳的位置，使机壳后侧板轴孔与主轴同轴，机壳中心线于转子中心线的偏差不应大于 2mm。机壳进风口或密封圈与叶轮进口圈的轴向插入深度和径向间隙隙应调整到设备文件规定的范围内，对于高温风机的径向间隙应预留热膨胀量。

2. 联轴器的安装

安装时，联轴器的径向位移不应大于 0.025mm；轴线倾斜度不应大于 0.1000。对于具有滑动轴承的电动机，应在测定电机转子的磁力中心位置后再确定联轴器间的间隙。联轴器找正后，设备即可进行二次灌浆。

3. 试运转

风机试运转前的检查、试运转步骤和试运转要求应符合设备技术文件的规定，试运转前，电机应进行单机试运转。风机启动达到正常转速后，应首先在调节门开度为 0°～5°之间的小负荷下运转，待轴承温升稳定后连续运转时间不小于 20min；小负荷运转正常后逐渐开大调节门，达到规定的负荷为止，连续运转时间不小于 2h。

（三）金属切削机床安装

金属切削机床安装一般施工步骤为：基础施工—基础检验及处理—定位划线—布置垫铁—机床组装就位—机床初平—浇灌砂浆—机床精平（垂直和水平及回转精度检验）—机床试运转—机床验收。

施工准备、基础检查与验收、地脚螺栓、垫铁的安装同泵安装。

1. 设备就位安装

（1）无垫铁安装法

无垫铁安装法就是设备的自重和地脚螺栓的拧紧力，均由灌浆层来承受，其安装过程和有垫铁安装法大致相同。所不同的是设备与基础之间没有永久垫铁，无垫铁安装法的找正、找平、找标高时的调整工作是利用临时调整螺钉、调整垫铁或其他支撑件来进行的。当调整工作完毕和地脚螺栓拧紧后，即可二次灌浆。二次灌浆层凝固后，便把临时调整垫铁、螺钉或其他支撑件全部拆除。

（2）座浆安装法

座浆法是在安放设备垫铁的位置上铲出凹坑，在凹坑四周安放木模箱，浇灌无收缩水泥砂浆，根据垫铁的标高要求安装垫铁。座浆安装法能增加垫铁与混凝土基础的接触面积，并且粘接牢固。

安装水平的检测：

机床在进行几何精度检验前，一般应在基础上先用水平仪将机床调平，达到规定的允许范围再进行机床的几何精度和工作精度的检验。床身导轨在垂直平面内的直线度检验，常采用水平仪通过坐标曲线图法求得。

（3）精度检验

金属切削机床的精度检验包括：

1）溜板移动在平面内的直线度和溜板移动的倾斜的检验。检验溜板移动在垂直平面内的直线度，应将水平仪按床身纵向放在溜板上；等距离移动溜板测量，全长应至少测量3个读数；直线度应允许向上凸起，其偏差应以水平仪读数的最大代数差值计，并不应大于0.05/1000。检验倾斜时，应将水平仪按床身横向放在溜板上，等距离移动溜板测量；倾斜偏差应以水平仪读数的最大代数差值计，并不大于表6-1的规定。

溜板移动的倾斜偏差　　　　　　表6-1

床身上最大回转直径（mm）	≤250	>250～400	>400～800
最大棒料直径（mm）	≤25	>25～63	>63
倾斜偏差	0.03/1000	0.03/1000	0.04/1000

2）溜板移动对主轴中心线平行度的检验。如图6-4所示，在主轴孔中，紧密地插入检验棒，在溜板上固定百分表，百分表的触头分别顶在检验棒的上表面 a（检验棒垂直平面的母线）和测量表面 b（检验棒水平面的母线）上，移动溜板，取百分表读数的最大差值。然后将主轴旋转180°，同样再测量一次。a、b

偏差分别计算，平行度偏差以百分表两次读数代数和的 1/2 计算，并不应大于表 6-2 规定。

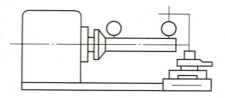

图 6-4　检验溜板移动对主轴中心线的平行度

溜板移动对主轴中心线的平行度偏差　　　表 6-2

床身上最大回转半径（mm）	≤250	>250～400	>400～800
最大棒料直径（mm）	≤25	>25～63	>63
测量长度（mm）	150	300	
平行度偏差（mm）	0.01	0.02	

3）主轴锥孔和尾座顶尖套锥孔轴心线对溜板移动的等高度的检验。如图 6-5 所示，在主轴锥孔和尾座顶尖套锥孔中，各插入一根直径相等的检验棒，在溜板上固定百分表，移动溜板，在检验棒两端处的上母线上测量。等高度以百分表读数差计，并应符合设备技术文件的规定。

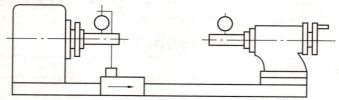

图 6-5　主轴锥孔和尾座顶尖套锥孔轴心线对溜板轮动的等高度的检验

2. 大型机床安装

大型机床在安装前，一般都要对基础进行预压处理，以防机床安装时出现基础下沉倾斜现象。

（1）基础检测、划线和垫铁布置

基础划线和垫铁布置应符合设备技术文件及现行规范的要

求，基础平面位置允许误差±10mm，标高允许误差＋20mm，－10mm。基础划线和垫铁布置如前述。

(2) 床身导轨安装

1) 初平：矩形多段床身安装时，一般应先安装好中间段并以中间段（与立柱相连的一段）为基准，向两端逐步安装其他各段，先将中间段床身用临时垫铁找平后，按基础中心线校正床身的安装位置，将地脚螺栓穿入床身底部螺栓然行初平，在床身导轨上放置检验棒和平尺，用水平仪在检验棒或平尺上按纵、横两个方向进行测量，利用临时垫铁高低，使床身导轨于水平状态，其水平度应不大于 0.04/1000。初平完毕后，即可调换垫铁组，按图纸要求放置，正式用可调垫铁并对地脚螺栓进行二次灌浆，将地脚螺栓固定。为保证垫铁对床身底面和灌浆层表面接触良好，可采用压浆法。待养护期满后，拆除临时垫铁。

2) 精平：精平时，根据安装规范和机床说明书指出的方法，检查床身导轨的直线度（即垂直面和水平面的直线度）和床身导轨之间的平行度，其要求如下：

①床身导轨在垂直面和水平面内的直线度（一般用平尺和水平仪检查），矩形（8～12m）为 0.05mm，局部误差在任意 1000mm 测量长度上为 0.015mm；龙门刨床（8～12m）每米不大于 0.02mm，全长不大于 0.05mm。

②床身导轨之间的平行度，以全长上横向水平仪读数的最大代数差值计算不大于 0.02/1000。

用同样的方法吊装其余各段床身，大型机床找平（特别是强力找平）时，应从床身一端向另一端或以中间段为基准按顺序向床身两端进行找平，但绝不允许从床身两端同时向中间进行找平，因为强力找平时会引起床身导轨的微小变形。床身组装完之后，应用着色法检查定位销的接触情况，接触面积应大而均匀。另外，在各段床身的接缝处要求用 0.03mm 的塞尺不得插入，接缝处水平偏差不大于 0.04/1000。接缝处防油槽内应填上防止漏油的耐油橡胶带（或挤灌液态密封胶）。并用调整垫铁使接缝处两段床身用水平仪检查时达到规定的要求。

床身组装完成后，用着色法检查定位销孔的接触情况。并用0.03mm的塞尺检查床身导轨拼合处，要求各处均匀，不能插入，以保证导轨中心与主轴孔中心对齐。在精平时，根据各种机床导轨的工作情况，床身导轨安装的水平度可适当使中间凸起，如龙门刨床、铣床的床身导轨允许中间凸起，车床床头箱一端导轨允许适当凸起，外圆磨床的砂轮架一端的床身导轨允许适当下凹，其凸起或下凹量可取全长允许差值的一半或等于全长的允许差值。

(3) 床身立柱安装

立柱是精度较高的部件之一，它上面常安装有连接梁、横梁和侧刀架等部件。

1) 初平：将立柱与床身接合面（或底座、工作台的接合面）定位销孔等清洗干净。接螺栓上，按图纸要求安放好可调垫铁，根据定位孔初步对齐找正。用连接螺栓将立柱与床身固定，与床身的接合面用0.04mm塞尺应不得插入。初平立柱使其导轨的前、后、左、右各个面都能与床身构成的几何平面相垂直。

2) 精平：对立柱进行精平的项目有立柱（或立柱导轨）对底座工作面（或床身导轨面、工作台面）的垂直度；立柱移动在垂直平面内的倾斜度检查；立柱移动在水平面内的直线度检查；两立柱相对位移度检查。精度的检查方法是在床身导轨上立柱正导轨面平行和垂直两个方向分别放置专用检具、尺、水平仪测量，在各立柱的正侧导轨面上靠水平仪测量；垂直度以立柱与床身导轨上相应两平面读数的代数差计，垂直度允许差值随机床不同而异。各项精度项目的检查和调整，都必须按照机床安装规范和说明书的规定和要求进行。

3) 对各类大型机床立柱安装倾斜的处理方法有：

①大型车床只允许立柱去向前倾，双立柱式车床、龙门刨床、龙门铣床只允许立柱纵向前倾，两立柱横向宜向同一个方向倾斜；

②卧式镗床、落地镗床立柱正面只允许向操作者方向倾斜，侧面只允许向内倾斜；

③大型滚削立柱上端只允许向工作台方向倾斜。

以上倾斜值，可参照各类机床立柱垂直度允许差值或允许差值的一半选取。

（四）电 梯 安 装

施工准备、基础检查与验收、地脚螺栓、垫铁的安装同泵安装。

1. 电梯的分类与结构组成

（1）电梯的分类

1）按用途可分为：乘客电梯、载货电梯、医用电梯、杂物电梯、观光电梯、车辆电梯、自动扶梯、自动人行道和建筑用电梯。

2）按速度可分为：低速电梯（$\leqslant 1m/s$）、中速电梯（$1.5 \sim 2.5m/s$）和高速电梯（$\geqslant 3m/s$）。

（2）电梯的基本参数

电梯的基本参数有6项：电梯载重量、运行速度、拖动方式、控制方式、轿厢尺寸和轿门形式。

（3）电梯的结构组成

1）机房部分：曳引机、限速器、控制屏、选层屏、层楼指示器、电源接线盒。

2）井道部分：极限开关、导轨、对重、缓冲器、平衡钢丝绳或平衡链和限位开关。

3）厅门部分：厅门和召唤按钮箱。

4）轿厢部分：轿厢、安全钳、导靴、自动门机、平层装置和轿内指示灯。

5）操纵部分：操纵屏（箱），有手柄操纵屏和按钮操纵屏两种。

2. 电梯安装工艺

（1）样板架的制作和安装

样板架是按照放线图、轿厢、安全钳和导轨等实样制作的，是确定轿厢位置的依据；同时也是井道中各种设备位置相互间距离的安装依据。因此，样板架的制作和安装是电梯安装的一项重要而又细致的工作。

1）样板架的制作

①制作样板架的木材应干燥，不易变形，四面刨平，互相垂直。其断面尺寸可按表 6-3 选用。

样板架木条尺寸　　　　　　　　表 6-3

提升高度（m）	厚度（mm）	宽度（mm）
≤20	30	80
>20～40	40	100

②当对重在轿厢后面放置时，样板架按图 6-6（a）设置；当对重在轿厢侧面放置时样板架按图 6-6（b）设置。一般情况下顶部和底部各设置一个。但在下述情况下可以增加一个或一个以

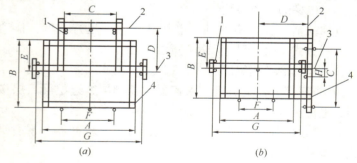

图 6-6　样板架平面图

1—铅重线；2—对重中心线；3—轿厢架中心线；4—连接铁钉
A—轿厢宽；B—轿厢长；C—对重导轨架距离；D—轿厢架中心线至对重中心线的距离；E—轿厢架中心线至轿底后沿的距离；F—开门净宽；G—轿厢导轨架距离；H—轿厢与对重偏心距离

上的中间样板架。

a. 安装基准线受环境条件影响可能会发生偏移（如井道开敞的室外观光电梯等）。

b. 建筑有较大的日照变形（如电视发射塔等）。

③在样板架上标出轿厢中心线、层门中心线、门口净宽线、导轨中心线等各线的位置偏差不得超过 0.3mm。

2) 样板架的安装

①在井道顶部机房楼板下 500～600mm 处，水平地安放两根截面不小于 100mm×100mm 的木梁作为样板架托架，再放上样板架，用水平尺校正水平后稳固托架。

②在样板架上标记铅垂线的悬挂处，用 0.6～0.8mm 的钢丝悬挂 10～20kg 的重锤。在底坑将铅垂线张紧稳定后，根据各层层门、机房承重梁位置校正样板架的准确位置后，再将样板架钉牢在木托架上。

③样板架的水平度不大于 5mm；样板架顶部、底部的水平偏移不超过 1mm。

④井道底部样板架固定在底坑距离地面 800～1000mm 高处，校准后，固定铅垂线于相应位置上。

(2) 导轨的安装

导轨是电梯或对重作上下运动的轨道，分为轿厢导轨和对重导轨，用于限制轿厢和对重。

1) 导轨架的安装

①导轨架的类型和固定方式

导轨架一般有整体型和组合型两种。导轨架的固定方式有埋设、焊接和用膨胀螺栓或预埋螺栓固定。

②导轨架的安装步骤

a. 把导轨中心线按与井道侧壁的垂线投射到墙上，并确定出导轨支架的中线，对预留孔洞及预埋件的位置进行修正。

b. 对直埋型的整体支架，应在上、下样板架之间，对每条导轨放两条导轨基底线，进而直接埋设好各个支架。埋设时，应使压板螺栓孔中心线与基底线对正，表面与两条基底线平齐。

c. 在预埋钢板上焊上整体型支架，为此应根据预埋钢板与导轨基底线的距离来确定各支架两条支腿的长度，各支架应进行编号。用砂轮切割机把支架按需要的长度切割。然后按照编号在各相应位置上采用电焊组对。

d. 安装组合型支架时，应先以预埋或者焊接膨胀螺栓来固定其底架，再根据导轨基底线，采取螺栓连接或焊接的方法来组对面架。

e. 为了使导轨能够垫片进行精调，导轨基底线向井壁方向偏移 1mm。

③导轨架的安装要求

导轨支架的埋入深度应大于 120mm，预留孔应凿成内大外小。导轨支架的水平度偏差应小于 5mm，每根导轨至少应有两副支架，固定支架的膨胀螺栓应具有足够的强度。

2）导轨安装

拆除导轨架铅垂线，在各列导轨中心端面外 5mm 处，在样板架上挂铅垂线，并准确地稳固在底坑样板上。导轨吊装可全部从底层或分层运入井道。导轨从底坑向上逐段立起，最下一根导轨严格找正后，下端垫以适当厚度的硬木垫，待导轨全部安装、调整完后再拆除木垫。导轨在导轨架上固定，应具有一定宽度的面的接触。导轨底面与导轨架面的垫片，一般只垫一片，个别处不应超过两片（此时垫片应与导轨架焊接）。若调整有困难时，可加厚度小于 0.4mm 的紫铜片。导轨接头位置应与导轨架错开。滑动导轨压板的保持力比固定导轨压板小。在拧紧压板螺栓时，用力要注意。导轨连接板螺栓连接牢固，导轨压板略微压紧，待校正后再行紧固。

导轨的校正首先用初校卡板（如图 6-7）检查导轨端面与垂线的间距和中心距离。符合要求后，再用导轨专用校正卡尺（如图 6-8）对导轨进行仔细找正。

导轨安装后应符合下列要求：

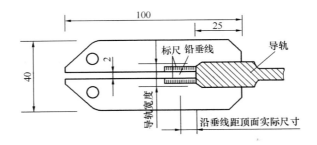

图 6-7 导轨初校卡板

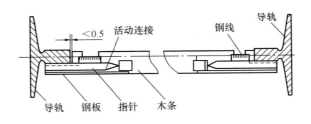

图 6-8 导轨专用校正卡尺

①每根导轨工作面（包括侧工作面和顶面）对安装基准线的偏差每 5m 不应超过 0.6mm；不设安全钳的 T 型对重轨为 1.0mm。

②导轨接头处允许台阶处间隙 a 不大于 0.05mm，如图 6-9 所示。导轨工作面接头处不应有连续缝隙，局部缝隙不应大于 0.5mm，如图 6-10 所示。不设安全钳的对重导轨接头处缝隙不得大于 1mm，导轨工作面接头处台阶应不大于 0.15mm。

③两列导轨顶面间的距离偏差：轿厢导轨为 0~2mm；对重导轨为 0~3mm。

④导轨应用压板固定在导轨架上，不应采用焊接或螺栓连接。两根轿厢导轨接头不应在同一水平面。

⑤导轨顶端距井道顶板的距离应保证导靴不会脱出导轨，根据承重梁的安装位置，能调整到 50~300mm 较好。

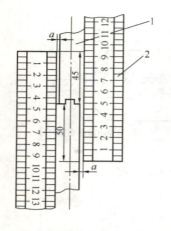
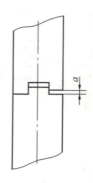

图 6-9 导轨接头处台阶
1—导轨；2—300mm 钢尺

图 6-10 导轨接头处的局部缝隙

（3）机房设备的安装

1) 承重梁的安装。承重梁的定位根据井道内样板架延伸到机房的尺寸线来确定。承重梁的两端必须可靠地架设在承重墙或横梁上。支承长度应超过墙厚中心 20mm，且不应小于 75mm。承重梁埋设好后应用强度等级 C20 以上的混凝土固定。若承重梁安装在机房楼板下，此时承重梁应先安放准确后和机房楼板整体灌浇混凝土。承重梁安装在机房楼板上面，与楼板的间隙不应大于 50mm，承重梁长度方向的水平度不应超过 1.5/1000；但总长度的水平度偏差不应超过 3mm；相互之间的高差不应超过 2mm，平行度偏差不应超过 6mm。

2) 曳引机的安装。曳引机的安装依据承重梁的安装形式不同，有以下 3 种安装式：

①当承重梁安装在机房楼板下方时，应在承重梁位置上制作混凝土底座，底座高度一般为 250～300mm，每边大出曳引机底盘 25～40mm 底座应平整。底座下面按图纸垫好防振橡胶垫，并安装防止水平移动的挡板。

②当承重梁安装在机房楼板上方时，按图纸要求可在钢梁上

铺设两块与曳引机底座大小相等的钢板，钢板厚度不小于20mm。两块钢板中间按分布点垫以橡胶板以防震。下面的钢板与刚性梁焊接，上面的钢板打孔用螺栓与曳引机底座固定。经调整后再安装防止水平位移的挡板。

③对噪声要求不高的场所，曳引机可直接装在钢梁上或钢梁位置的上方的地板上。曳引机装在钢梁上时，要在钢梁上用电钻钻孔，以螺栓固定曳引机。但要注意钻孔时不能损伤钢梁立筋。曳引机直接摆在楼板上时要垫以减振橡胶板，并用挡板固定。

曳引机安装时要求底盘的水平度不大于2/1000；曳引轮的位置偏差，在前后（面对配重）方向不大于±2mm，在左右方向不大于±1mm，曳引轮的垂直度偏差不大于0.5mm（承受轿厢空载时的偏差值）；曳引机（电动机）与底座连接应牢固，蜗杆轴与电机轴连接后同轴度允许差为：当为刚性连接时不大于0.02mm，当为弹性连接时不大于0.1mm。

（4）轿厢安装

1）轿厢组装架的搭设

轿厢一般在顶层井道内安装。拆除顶层井道内脚手架，设置两根方支承梁（截面不小于200mm×200mm）或型钢梁。支承梁设置宽度与层门相同，高度与楼板面平，校正梁的水平度和平行度后，两端埋入墙内固定。在轿厢架中点位置，通过机房楼板的曳引绳孔，在机房承重梁上悬挂手拉葫芦。

2）轿厢架组装

将下梁平放在支承梁上，按两列导轨中心连线调整其平行度，并使安全座和导轨端两面的间隙两端一致，调整下梁的水平度不超过2/1000。将两侧立柱与下梁连接紧固，调整立柱使其在未装上梁前，在整个高度上的垂直度偏差不超过1.5mm。将轿厢架的固定底盘或轿厢底盘平放在支承梁上，用四组垫木垫平，调整其水平度不超过2/1000，用力拉条将底盘或轿厢底盘与立柱连接紧固。如果轿厢带橡胶减振元件，应将减振元件先行安装在下梁上。安装限位开关碰铁时，调整其垂直度不超过1/

1000，最大偏差不大于 3mm。上述安装完成后，在上、下梁上安装导靴和反绳轮装置。安装反绳轮装置时，轮边缘与上梁的间隙应调整均匀，相互面的差值不应超过 1mm，轮的垂直不应大于 1mm。

轿厢架安装完毕后，轿厢底盘的水平度不应超过 3/1000，轿厢架立柱在整个高度上垂直度的偏差不应超过 1.5mm。并用钢丝绳穿过上梁固定在机房承重梁上，防止轿厢架下滑。轿厢架上、下梁与立柱等部位连接用紧固螺栓必须使用厂家提供的专用连接螺栓，不得混用和代用。

3) 安全钳组装

将安全楔块装入轿厢架或对重架上的安全钳内，将楔块和楔块拉杆、楔块拉杆和上梁拉杆拨架连接。

调整各楔块拉杆上端螺母，使楔块工作面与导轨侧面间隙为 3~4mm，钳口与导轨顶面间隙应不小于 3mm，间隙差值应不大于 0.5mm。

调整上梁上的安全钳联动机构的非自动复位开关，使之当安全钳动作的瞬间，能断开电气控制回路。瞬时式安全钳装置在绳头处的动作提拉力应为 150~300N。

4) 导靴组装

轿厢架组装好后，即可安装导靴。轿厢架和对重架上的导靴的安装，上、下应在同一垂线上，以免轿厢架或对重架歪斜。每对固定式滑动导靴与导轨顶面两侧间隙之和应不大于 2.5mm。固定式对重导靴与导轨顶面间隙之和为 (2.5±1.5) mm 与角形导轨顶面间隙之和为 (4±2) mm。

5) 轿厢安装

整体式轿顶可用手拉葫芦将轿顶悬挂在上梁下面，然后按照后壁、侧壁和前壁的顺序组装轿厢。有轿门一面轿厢壁的垂直度不超过 1/1000。轿厢壁与轿顶、轿壁与底盘紧固后，复核轿壁垂直度。

6) 厅门的安装

①地槛的安装

依据样板架上悬挂的层门净宽线及中心线,确定地槛的水平安装位置及标高。地槛安装应符合下列要求:水平度不大于2/1000;地槛应高出装修地面2~5mm,并有1/1000~1/50。的过渡斜坡;层门地槛与轿门地槛的水平距离允许偏差为0~3mm。

②层门导轨的安装

门框安装完后,可进行层门导轨的安装。层门导轨应与地槛槽相对应,在导轨两端和中间三处的偏差间距 a 均应≤±1mm。导轨 A 面对地槛 B 面的平行度不应超过1mm。

③门扇的安装

安装门扇前应清洁导致、层门地槛和导槽。清洁干净后将滚轮放入顶部轨道,连接滚与门套,并通过加减垫片的方式来调整门扇下端与地槛面的间隙。为便于调整门扇下端与地的间隙,安装门扇时,可在门扇两边垫6mm垫片。

门扇安装完后应检查以下项目和间隙,并使之符合要求:

a. 门扇与门扇、门扇与门套、门扇下端与地槛面的间隙,乘客电梯应为1~6mm,载货电梯应为1~8mm;

b. 门刀与层门地槛、门锁滚轮与轿厢地槛间隙应为5~10mm;

c. 层门锁钩、锁槛及动接点动作灵活,在电气安全装置动作之前,锁紧元件的最小啮合长度为7mm。

7) 安全装置

电梯的安全装置包括机械和电气安全装置,有限速器、缓冲器、安全钳和限位、极限开关等。限速装置是当电梯因故运行速度超过规定值时,限速器将限速绳夹住,使安全钳动作,将轿厢夹在导轨上,确保人物安全。缓冲器则是当轿厢在超载和以限速器允许最大速度下降时,应能承受相应的冲击,减轻对人体的损伤。

①限位开关:在井道底坑和顶站上方限制轿厢越位,安装位置应在轿厢地槛超越上、下端站地槛50~200mm范围内。一般

用两根槽钢固定，分别卡在轿厢导轨的背面上，把限位开关用螺钉装在角钢上，调整限位开关的磁轮使之垂直对准轿厢上的碰铁，并试验好轿厢到上下两个端站越程时的动作。当碰铁撞限位开关碰轮时，其内部电气接点即打开，碰铁离开后接点立即复位。

②极限开关：安装限位和极限开关时，碰铁应无扭曲变形，开关碰轮动作灵活。碰铁安装应垂直，允许偏差为 1/1000，全长不应大于 3mm（碰铁斜面除外）。开关、碰铁应安装牢固，在开关动作区间，碰轮与碰铁应可靠接触，碰轮边距碰铁边不应小于 5mm。碰轮与碰铁接触后，开关接点应可靠断开，碰轮沿碰铁全长移动不应有卡阻，且碰轮应略有压缩余量。

③限速器：限速器一般安装在承重梁或机房楼板上，沿上部绳轮槽竖直悬挂铅垂线，通过轿厢架上的安全钳拉杆绳头中心点，对正后确定底坑张紧装置的绳轮轮槽位置。限速器既可以采用钢板固定在楼板上，也可以做混凝土台座固定。限速器上部装置和张紧装置安装好后，可直接将钢丝绳绕过上部绳轮和张紧轮后截取所需的长度，绳头可用绳夹固定。

限速器绳轮的垂直度偏差应不大于 0.5mm，限速器钢丝绳至导轨导向面与顶面两个方向的偏差均不得超过 10mm。限速器运转应平稳，出厂时动作速度整定封记应完好无拆动痕迹，限速器安装位置正确、底座牢固，当与安全钳联动时无颤动现象。

④缓冲器：缓冲器的安装高度应根据轿厢在两端站平层时，轿厢、对重装置的撞板与缓冲器顶面间的距离确定。耗能型缓冲器应为 150～400mm，蓄能型缓冲器应为 200～350mm。缓冲器可采用预埋地脚螺栓或钢构件固定。

缓冲器中心与轿厢、对重装置的撞板中心偏差不应大于 200mm；同一基础上的两个缓冲器顶部与轿底对应距离差不应大于 2mm；液压缓冲器柱塞铅垂度不应大于 0.5%；弹簧缓冲器顶面水平度不应超过 4/1000。

3. 电梯的调试与试运行

(1) 不挂曳引绳通电动作试验

此试验的目的是模拟电梯运行状态时,检查控制屏三相电源相序、曳引机的运转方向、初步调整制动器闸瓦与制动轮间的间隙,以及通过操作轿厢上的急停按钮和上下运行按钮,检查曳引机的运行状况是否符合要求。

做此试验时,应暂时断开信号指示和开门机电源的熔断保险丝,换上临时熔丝(微机控制的电梯不得使用临时熔丝)。在控制柜的接线端子上用临时线短接门锁电接点回路、限位开关回路及安全保护接线回路和底层的电梯运行开关接点。

(2) 慢速运行调试

首先通过手动盘车使轿厢下行一段距离,确认无异常后,可慢车点动。慢车点动运行一定距离,经检查无误后,则电梯以检修速度运行。电梯慢速运行时需要调整和试验的项目有:调整各层门、轿门地槛的距离;开门刀与各层层门地槛、门锁滚轮与轿厢地槛的间隙;各层平层感应器和轿厢上感应板的间隙;各安全保护装置的动作试验。

(3) 快速运行调试

慢速运行各项内容符合要求后,在安全保护装置起作用的情况下可进行快速调试。快速运行调试的主要内容有:检查电梯启动、加速、稳速、制动减速、自动平层、各种指令信号和各层平层精度等是否符合要求。

(4) 电梯整机调试

当快、慢速运行符合要求后,便可进行整机性能调试。

1) 静载试验:按150%额定载荷进行。试验时,电梯停于最低层站,切断动力电源,将试验载荷平稳而均匀地加至轿厢内,电梯在静载作用下,除了曳引钢丝绳的弹性伸长外,曳引机不应转动,钢丝绳在绳索槽中也不应有滑动。

2) 超载试验:按110%额定载荷进行。试验时断开超载控制电路,在通电持续率40%的情况下,到达全行程范围。启、制动运行30次，电梯应能可靠地启动、运行和停止（平层不计），曳引机工作正常。超载试验的另一内容是125%额定载荷以正常运行速度下行时，切断电动机与制动器供电，电梯应可靠制停，曳引绳应无滑动。

3) 运行试验：轿厢分别以空载、50%额定载荷和额定载荷三种工况，并在通电持续率40%的情况下到达全行程范围，按120次/h，每天不少于8h，各启、制动运行1000次，电梯应运行平稳、制动可靠、连续运行无故障曳引机减速器，除蜗杆轴伸出一端渗漏其余各处。

（五）工业锅炉安装

锅炉是将燃烧产生的化学能转化为热能，利用热能加热水，使水变成符合参数要求的蒸汽或热水，供生产和生活上使用的一种热能设备。"锅"是指锅炉中盛水和蒸汽的密封受压部分；"炉"是指锅炉中燃烧产生高温的部分。工业锅炉房的设备由锅炉本体及辅助系统两大部分组成。

1. 工业锅炉的范围

锅炉按蒸汽压力分为：

低压锅炉：蒸汽压力小于2.5MPa；

中压锅炉：蒸汽压力为3.8MPa；

高压锅炉：蒸汽压力为9.8MPa；

超高压锅炉：蒸汽压力为13.7MPa；

亚临界锅炉：蒸汽压力为16.7MPa。

2. 锅炉设备安装工艺

（1）锅炉设备安装的基本要求

1) 准确性：保证锅炉主要部件及受热面的形状、尺寸和位置的准确性。

2) 受热面管、箱内部清洁度：安装时必须进行吹扫和通球试验，防止运行时受热而受热不均发生爆管等事故。

3）严密性：保证管道各焊口和水冷壁密封缝的焊接质量，防止受热面管发生焊口和炉体漏灰。

4）结构牢固：锅炉受热面组对后均须进行加固，保证构件的刚度和强度。

5）热膨胀性：锅炉受热面支持系统的施工必须保证锅炉运行管道及各部件的热膨胀。

（2）锅炉安装的主要内容

安装前的准备；锅炉基础验收及放线；钢架及平台安装；锅炉本体受热面安装；水冷壁排管组装；过热器安装；省煤器安装；锅筒内部装置安装；锅炉燃烧装置安装；锅炉范围内汽水管道、阀门及热工仪表安装；锅炉本体水压试验；筑炉、保温及风道安装、烟道的严密性试验；附属设备安装；单机试运行；烘炉、煮炉；锅炉试运行。

（3）锅炉基础验收及放线

1）基础验收：锅炉及辅助设备基础允许偏差应符合规定。

2）基础放线：首先在主机基础上放出纵、横向及标高基准线，地脚螺栓孔（或预埋件中心线）再放出各相关辅机的纵、横向及标高基准线。锅炉基础划线时，纵向和横向中心线应互相垂直；相应两柱子定位中心线的间距允许偏差为±2mm；各组对称四根柱子定位中心点两对角线长度之差不应大于5mm。

（4）钢架及平台安装

1）组装前的检查与校正

锅炉钢架部件因运输、装卸可能产生变形，因此安装前应在地面上进行检查和校正。锅炉钢架的柱、梁、支架及平台的组对，一般根据施工现场条件和吊装机具的能力，可以将柱、梁、支架及平台全部在地面钢架平台上组对或部分组对，然后整体吊装。

2）钢架安装

①安装钢架时，应先根据柱子上托架和柱头标高，在柱子上划出1m标高线。找正柱子时，应根据厂房运转层上的标高基准

点，测定各柱子上的 1m 标高线。柱子上的 1m 标高线作为以后安装锅炉各部件、元件检测时的基准标高。

②钢架的固定

锅炉钢架的固定一般有两种：

一种是将钢架柱脚固定在基础上并需要与预埋钢筋焊接固定，用这种固定方法安装时，应将钢筋弯曲并紧靠在柱脚上，其焊缝长度应为预埋钢筋直径的 6~8 倍。

另一种固定方法是采用垫铁安装。采用垫铁安装时，基础表面与柱脚底板的二次灌浆间隙不得小于 50mm。垫铁应布置在立柱底板的立筋下方，每个立柱垫铁的承受总面积可根据立柱的设计荷重计算，但垫铁单位面积的承压力，不应大于基础设计混凝土强度等级的 60%。垫铁安装后，用手锤检查应无松动，并将垫铁与垫铁、垫铁与柱脚底板点焊。

(5) 锅筒和集箱安装

锅筒、集箱吊装必须在锅炉构架找正和固定完毕后进行，立柱底板下绕灌混凝土强度已达到 75% 以上可进行锅筒的安装。

1) 锅筒安装前的检查

①检查锅筒外观在运输、装卸程中是否有损坏，特别是检查管边缘是否受损，小直径管座是否损坏或断裂。

②检查各焊缝是否有裂纹、未熔合、夹渣、弧坑、气孔和咬边等缺陷。

③少数管孔内环向或螺旋形刻深度不应大于 0.5mm，宽度不应大于 1mm，刻痕至管孔边缘的距离不应小于 4mm。管孔不得有纵向刻痕。

④对每个管孔进行清理、除锈、抛光、编号时，测量管孔内径、圆度和圆柱度。圆柱度的检查方法：测量管孔上边缘直径和正点边缘直径的差。

⑤锅筒全长弯曲度在筒体长度为 5~7m 时，不应大于 7mm；长度为 7~10m 时，不应大于 10mm。

⑥确定锅筒两水平中心线的标记位置的正确性。

2）集箱的检查：检查集箱内是否有杂物，并清扫干净。检查集箱管座角焊缝的质量，不得有裂纹、气孔、弧坑和咬边等现象。检查管接头是否碰坏，管接头的壁厚和直径是否符合图纸要求，管接头位置，尤其两端管接头位置是否超差。

3）锅筒、集箱支承件的安装：由于锅炉的结构不同，锅筒支承方式也不一样，一般有支座和吊挂两种。安装支座和吊挂时，应符合下列要求：保证锅筒位置正确；接触部位圆弧应吻合，局部间隙不宜大于 2mm；支座与梁接触应良好，不得有晃动现象；吊挂装置应牢固，并应临时固定；清洗活动支座，并在滚柱上涂上墨粉润滑脂。按其膨胀方向预留支座的膨胀间隙，并应临时固定。

4）锅筒吊装：锅筒吊装方式应根据现场条件和吊装机具的能力进行选择。锅筒吊装时，要注意如下问题：

锅筒要绑扎牢固，钢丝绳与锅筒接触处垫上厚 10mm 的木板，禁止将钢丝绳直接拴在管座上或管孔内，并与短管保持一定的距离，以防钢丝绳滑动碰弯短管。

不得把撬棍插入管座或管孔内进行撬动作业。为避免锅筒支座在锅筒就位过程中擦伤锅筒，应在锅筒支座上垫厚度大于 10mm 的胶板。起吊过程应缓慢、平稳上升，避免锅筒碰撞钢架。

5）锅筒及集箱找正

①锅筒找正

a. 确定锅筒的纵、横向中心线。用线坠将上锅筒的外壁投影在地面上，检查投影线与基础放线时确定的锅筒中心线之间的平行度和距离。用千斤顶调整锅筒支座，使锅筒壁投影线与锅筒中心线的基准线平行，且基准线与投影线间的距离等于锅筒半径。

b. 调整锅筒沿圆周方向转动，使锅筒全长的横向水平度不大于 1mm。

c. 用胶管水平仪测量锅筒的纵向水平度，并在低的那一端锅筒支座上垫上相应厚度薄钢板或高压石棉板，使锅筒在全长上的纵向水平度不超过 2mm。

d. 锅筒找正后，要将锅筒用临时支架加以固定。使其在对流管束胀接时，承受胀接过程中管子变形力较大的情况下，既不能沿圆周方向转动又不能沿锅筒纵向移动。

e. 将锅筒支座与锅筒支承梁焊接好，锅筒支座的挡铁在对流管束胀接完毕后拆除。

f. 下锅筒的找正是将锅筒提升至其设计位置稍高处，做一组临时支架，使其顶平面标高等于锅筒中心设计标高减去下锅筒半径。以上锅筒为基准，调整上、下锅筒中心线之间的投影距离（即水平距离）和平行度，然后，将铁制楔块与临时支架点焊牢固。调整上、下锅筒之间横向中心线的距离。最后调整下锅筒找正时最终的测量距离。

②集箱找正

集箱一般分横向和纵向布置，集箱的找正方法与下锅筒的找正方法相同，使用的基准是锅筒的标高和纵、横中心线。对于横置式锅来说，锅筒纵向中心线是它与集箱纵向中心线之间平行度和水平距离的基准，而平移后的基础纵向线则是集箱横移后的基准；对于纵置集箱来说，因为钢架立柱垂直度有偏差，为了保证炉墙水利砌筑，钢架立柱中心线时集箱纵向中心的测量基准，锅筒纵向中心线则是与集箱横向中心线间距离的基准。将各集箱的水平度以及相对于基准的平行度、高差和中心位置测量数据记录好，如图 6-11 所示。锅筒和集箱安装的允许偏差见表 6-4。

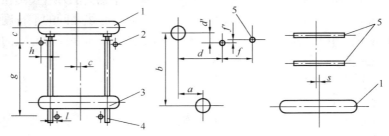

图 6-11　锅筒、集箱的距离测量示意图

1—上锅筒；2—水冷壁上集箱；3—下锅筒；4—水冷壁下集箱；5—过热器集箱

锅筒和集箱安装的允许偏差 表 6-4

项　　目	允许偏差（mm）
上锅筒的标高	±5
锅筒纵、横向中心线与安装基准线的水平方向距离	±5
锅筒、集箱全长的纵向水平度	2
锅筒全长的横向水平度	1
上、下锅筒之间水平方向距离（a）和垂直方向距离（b）	±3
上锅筒与上集箱的轴线距离（c）	±3
上锅筒与过热器集箱的距离（d、d'）过热器集箱间的距离（f、f'）	±3
上、下集箱间的距离（g）集箱与相邻立柱中心距离（h、l）	±3
上、下锅筒横向中心线相对偏移（e）	2
锅筒横向中心线与过热器集箱横向中心线相对偏移（s）	3

注：锅筒纵、横中心线两端所测距离的长度之差不应大于 2mm。

集箱找正后，应用型钢制作的临时支架进行固定。

（6）锅筒内部装置安装

锅筒内部装置的安装，应在水压试验合格后进行其安装应符合下列要求：零部件的数量不得缺少；蒸汽、给水连接隔板的连接应严密不漏，焊缝应无漏焊和裂纹；法兰结合面应严密；连接件的连接应牢固，且有防松装置。

（7）受热面管安装

1）受热面管子胀接

①管子的质量检查

受热面管子的质量检查应符合下列要求：

a. 曲管的平面度超过规定的要求时，应放样予以校正。

b. 管子的外径和壁厚的允许偏差要符合表 6-5 的规定。

受热面管子的外径和壁厚的允许偏差　　　　表 6-5

钢管种类	钢管尺寸 (mm)		精确度	
			普通级	高级
热轧管	外径	<57	±1.0% (最小值为±0.5mm)	±0.75% (最小值为±0.3mm)
		57~159	±1.0%	±0.75%
	壁厚	3.5~20	±15%，−10%	±10%

c. 合金钢管应逐根进行检查。

d. 受热面管排列应整齐，局部管段与设计安装位置偏差不宜大于 5mm。胀接管口的端面倾斜度不应大于管子公称外径的 1.5%且不应大于 1mm。

e. 受热面管子应作通球检查，通球后的管子应有可靠的封闭措施。通球直径应符合表 6-6 的规定。

通球直径（mm）　　　　表 6-6

弯管半径	<$2.5D_W$	≥$2.5D_W$，且<$3.5D_W$	≥$3.5D_W$
通球直径	$0.7D_n$	$0.8D_n$	$0.85D_n$

注：D_W 为管子公称外径，D_n 为管子公称内径。试验用球一般采用不易产生塑性变形的球。

② 管子胀接

a. 管子胀接前的准备工作

管端退火：为了提高管子的塑性，防止胀管时产生裂纹，管子在胀管前应对管端进行退火。管端退火有火焰、电和红外线加热，退火时应注意退火温度控制在 600~650℃，时间保持 10~15min；管端退火长度为 100~150mm，且受热均匀；管端冷却要缓慢。

管端与管孔的清理：管子胀接前，应清除管端和管孔的表面油污，并打磨至发出金属光泽。管端的打磨长度至少为管孔壁厚加 50mm。打磨后，管壁厚度不得小于公称壁厚的 90%。退火后的管子要除去管端胀接面上的氧化层、锈点、斑痕、纵向沟槽等。

管端和管孔直径的最大间隙（mm）　　　　表 6-7

管子公称外径	32～42	51	57	60	63.5	70	76	83	89	102
最大间隙	1.29	1.41	1.47	1.50	1.53	1.60	1.66	1.89	1.95	2.18

管子和管孔的选配：计算管端和管孔的平均直径。将这两种直径分别按大小顺序排列。然后根据相同的序号进行初步选配。使全部管子与管孔之间的间隙都比较均匀。选配前，先测量经打磨的管端外径、内径和管孔的直径。将管孔的直径数据记录在管孔展开图上，管端的外径和内径的数据也分别加以记录，然后根据数据统一进行选配。选配时，将同一规格中大的管子配在相应的大管孔上，小的管子配在相应的小管孔上，然后将选定的管子编号记入管孔展开图上。在胀管时，将管子按选定的编号插入管孔内进行胀接。经过选配以后，各管孔与管子之间的间隙都比较均匀，每个管端的扩大程度也相差不大这样便于控制胀管率，以保证胀管质量。经过清理后的管端和管孔直径的最大间隙应符合表 6-7 的规定。

b. 胀管步骤

为了是各种规格的管子在胀管过程中有参考基准，开始时要先胀接锅筒两端的基准管。基准管先挂两端最外面的两根管。开始这四根管只做初胀（即胀到管端直径与管孔直径基本相同），然后检测四根管子相互间的距离（包括对角线）、管子直管段的垂直度和管端伸入长度。调整并符合要求。

将图 6-12 所示的基准管固定架用管卡规定在管子上，并将固定架与锅炉钢柱焊牢。

然后，将四根基准管胀好。这四根管子是各管排基准管中的基准。

从两边向中间胀其他基准管。每根基准管挂管时必须靠在基准管固定架上。这些基准管以最早胀好四根管子为基准，使相互间的距离、直线段垂直度满足要求后，把各基准管固定在固定架

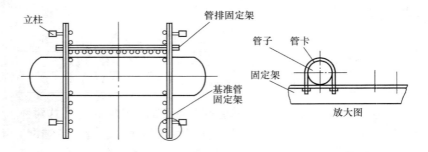

图 6-12 基准管(管排)固定示意图

上。然后,按反阶顺序将各基准管胀好,如图 6-13 所示。

胀管顺序最好采用反阶式,如图 6-13 所示。在反阶式胀管顺序中每一根管子胀接时,管孔在径向各方向上受力是基本对称的。这样可避免胀接过程中胀管向反作用小的方向上过分扩张,造成该方向上塑性变形区增大而使管端受力不均。

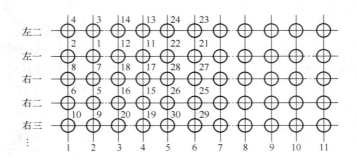

图 6-13 反阶式胀管顺序示意图

每排管子间的间距可用管排固定架来确定(图 6-13),也可用梳形板来确定。用管排固定架的方法如下:首先按每排管子的设计间距钻好管卡的连接孔,然后把此固定架用管卡固定在相应的基准管上。挂管时只需将管子靠住固定架,调整好管子在上、下锅筒内的伸入长度,用管卡将其固定在相应的位置上。

③胀管的质量要求

a. 管端伸入管孔的长度，应符合规定；

b. 当采用内径控制法时，胀管率应控制在 1.3%～2.1%范围内；当采用外径控制法时，胀管率应控制在 1.0%～1.8%范围内；

c. 胀管后，管端不得有起皮、裂纹切口和偏斜等缺陷。如果有个别管端产生裂纹，可用钢锯割掉或用角向磨光机将裂纹部位磨去，处理后的管端伸入长度不得小于 5mm；

d. 管门翻边角度宜为 12°～15°，翻边起点与锅筒内壁表面平齐；

e. 胀管器滚柱数量不宜少于 4 只，胀管应用专用工具测量；

f. 管子的补胀。

2）受热面焊接

①焊接工艺及其内容

a. 焊接件的材质和规格；

b. 焊接方法；

c. 接头形式、坡口形式、焊口间隙及焊接位置；

d. 焊接设备、焊接电流和电压；

e. 焊条焊丝的牌号和直径，钨极的类型、牌号和直径，保护气体的名称和成分；

f. 每层燥缝的焊接方法，焊条、焊丝的牌号和直径，焊接电流的种类、极性和数值范围，施焊技术；

g. 焊条的选择及烘干、保温要求；

h. 确定各条焊缝焊接的先后顺序；

i. 环境及场地要求。

受热面管子因其管径和壁厚的不同，采用的焊接方法也有不同，其焊接工艺一般有手工电弧焊、氩弧焊和气焊。

管径小于 50mm，壁厚小于 3.5mm 的薄壁管采用全手工钨极氩弧焊；管径大于 60mm 的管子采用手工电弧焊或者氩弧焊打底、电弧焊盖面的"氩-电联焊"工艺。

②焊缝的质量要求

焊缝的外形尺寸应符合下列要求：

a. 焊缝高度不低于母材表面，焊缝与母材应平滑过渡；

b. 焊缝及其热影响区表面无裂纹、夹渣、未熔合、弧坑和气孔；

焊缝咬边深度不应大于0.5mm，两侧咬边总长度不应大于管子周长的20%，且不应大于40mm。

(8) 过热器安装

1) 过热器安装的主要步骤：过热器集箱支座安装；过热器集箱安装；蛇形管支吊架及梳形板安装；蛇形板与集箱管口焊接；焊口无损检测。

2) 过热器组合安装的允许偏差，见表6-8。

过热器组合安装的允许偏差　　　　　表6-8

检查项目	允许偏差（mm）	检查项目	允许偏差（mm）
蛇形管自由端	±10	管排平整度	≤20
管排间距	±5	边缘管与炉墙间隙	符合图纸要求

(9) 省煤器安装

省煤器按其材质的不同，可分为铸铁片管式和蛇形钢管式两种。

1) 铸铁省煤器安装

①省煤器支承架的安装允许偏差应符合表6-9的规定。

省煤器支撑架的安装允许偏差　　　　　表6-9

项　目	允许偏差（mm）
支撑架的水平方向位置	±3
支撑架标高	0.5
支撑架的纵向和横向水平度	长度的1/1000

②选择长度相近似的翼片管放在一起，上下、左右两翼片管之间的误差在±1mm以内，相邻两翼片应按图纸要求对准。由下往上安排安装翼片铸铁管和弯头。翼片管法兰四周的凹槽内须嵌入直径10mm的石棉绳，以避免省煤器漏风。法兰面和法兰

面的橡胶石棉板垫应涂上用机油调和的石墨粉,或用热机油浸湿的红纸垫并涂上石墨粉,作为省煤器结合面的密封材料。

③省煤器安装完毕后,在锅炉整体水压试验前,单独对省煤器进行正式水压试验,水压试验压力应符合"规范"要求。5min内压降不超过0.05MPa为合格。

2)钢管式省煤器安装

①先按图纸要求安装省煤器集箱,并临时固定。在省煤器支撑梁靠炉内一端焊一根直立的槽钢,用于内侧省煤器蛇形管的定位和支撑。

②在平台上划出省煤器蛇形管与集箱的相互位置的轮廓线,对省煤器管进行放样。以校正蛇形管自由端弯曲中心的位置和短臂的长度,从而保证长度一致。

③对每根省煤器蛇形管进行外观检查,如未发现蛇形管缺陷,可以直接进行安装,不必进行单根水压试验。蛇形管应做通球试验。

④在地面上按图纸要求焊接防磨板,防磨板接头处要留有足够的膨胀间隙。

⑤按省煤器焊接工艺指导书的要求进行施焊。每组省煤器焊完后,在省煤器支撑梁上按图纸上相邻蛇形管的距离划出等分线,然后将各蛇形管的支持架焊在相对应的线上。支持架的顶部用耐热钢筋全部连接起来,使各蛇形管间距离相等。

(10)锅炉水压试验

锅炉水压试验的目的是检查焊口和胀口质量。锅炉水压试验应符合表6-10的规定。

锅炉水压试验压力(MPa)　　　　　　　　表6-10

名称	锅筒工作压力 P	试验压力
锅炉本体及过热器	<0.59	$1.5P$ 且不小于 0.20
	$0.59\sim1.18$	$P+0.20$
	>1.18	$1.25P$
可分式省煤器	$1.25P+0.49$	

1) 锅炉水压实验

①实验前的检查与准备：水压试验时的环境温度应高于5℃，试验介质为软化水（无盐水）或洁净水，水温应高于周围露点温度（一般为20~70℃）。

a. 在汽包和省煤器到汽包的给水管上，各装一只经效验过的压力表，其精度等级不应低于2.5级。额定工作压力为2.5MPa的锅炉，精度等级不应低于1.5级。其表盘量程应为试验压力的1.5~3倍，宜选用2倍。

b. 将管道上的阀门、法兰和安全阀等附件上的螺栓拧紧，安全阀关闭；

c. 所有的排污、放水阀门全部关闭。

②打开汽包上的放气阀和过热器上的安全阀，以便进水时排出锅炉内的空气。

2) 水压试验合格标准

①水压实验时受压元件金属壁和焊缝上，应无水珠和水雾；

②水压试验没有发现残余变形。

水压实验不合格，应返修。返修后应重新做水压试验。水压试验合格后办理有关签证手续。并可进行锅炉本体的砌筑和保温工作。

(11) 锅炉烘、煮炉

1) 烘炉

①烘炉方法

烘炉可根据现场条件采用火焰和蒸汽等方法进行。

a. 蒸汽烘炉：就是将蒸汽通入被烘锅炉的水冷壁管中，以此来加热炉墙，达到烘炉的目的。具体的做法是：向锅炉水冷壁等受热面送入软化水，并保持最低水位，由蒸汽源引来0.3~0.4MPa的饱和蒸汽将炉水加热。然后由水冷壁下联箱通入蒸汽使炉水升温到90℃左右。控制过热器两侧空气温度，直到炉墙湿度达到合格为止。

b. 火焰烘炉：是用木柴、重油或柴油、煤块等燃料燃烧产生的热量来进行烘炉,在链条炉排上或煤粉炉的冷灰斗上架设临时的箅子,初期先烧木柴,然后引燃煤块,开始时,小火烘烤,自然通风。炉膛负压保持在20~30Pa。渐渐加强燃烧,提高炉膛负压,以烘干锅炉后部炉墙,必要时,可启动引风机。

②烘炉时间及合格标准

烘炉时间应根据锅炉的类型、砌体温度和自然通风的干燥程度确定。当采用蒸汽烘炉时,对于轻型炉墙为4~6d。对于重型炉墙为14~16d。对整体安装的锅炉,烘炉时间宜为2~4d。对于特别潮湿的炉墙,应适当减慢升温速度,延长烘炉时间。

烘炉合格的标准通常用两种方法确定:

①炉墙灰浆试样法:在燃烧室两侧墙中部,炉排上方1.5~2m处或燃烧器上方1~1.5m处及过热器两侧的中部红砖丁字交叉缝处,取灰浆样品各50%进行测定,其含水率均应小于2.5%。

②测温法:在燃烧室两侧墙中部,炉排上方1.5~2m处或燃烧器上方1~1.5m处测定红砖墙表面向内100mm处的温度应达到50℃,并继续维持40h;或测定过热器两侧墙黏土砖与绝热层接合处温度应达到100℃并继续维持48h。

2) 煮炉

①煮炉目的及时间

煮炉的目的是除去锅炉内的油垢和铁诱等。煮炉可在烘炉的末期进行,当炉墙红砖灰浆含水率降到10%时,或用测温法测得燃烧室与过热器的侧墙的温度别为50℃或100℃,即可进行煮炉。

在煮炉前应先按规定计算出煮炉所需的药量,然后用水调成浓度为20%,(不得将固体药品直接加入炉内),并搅拌均匀。加药时,所用药品应一次加完,但对拆迁的锅炉存有水垢时,可将所用的磷酸三钠先加入50%,在煮炉过程第一次排污后,再加入其余的50%。加药时,炉水应在最低水位。

煮炉时间宜为2~3d 煮炉的最后24h宜使压力保持在额定工

作压力的75%；当在较低的压力下煮炉时，应适当地延长煮炉时间。在煮炉期间，应定期从锅筒和水冷壁下集箱取水样，进行水质分析，当炉水碱度低于45mol/L时，应补充药品。

②煮炉合格标准

煮炉合格标准：汽包和联箱内部无锈蚀痕迹、油污和附着焊渣；汽包和联箱内壁用棉布轻擦能露出金属本色。煮炉结束后应交替进行持续上水和排污，直到水质达到运行标准。然后应进行停炉排水，冲洗锅炉内部和曾与药液接触过的阀门，并应清除锅筒、集箱内的沉积物，检查排污阀无堵塞现象。

（12）锅炉严密性试验和试运行

1）锅炉严密性试验

①锅炉升压到0.3~0.4MPa并对锅炉范围内的法兰、人孔、手孔和其他连接螺栓进行一次热态状态下的紧固。

②继续升压至额定工作压力，应检查各人孔、手孔、阀门、法兰和垫料等处的严密性，同时观察锅筒、集箱、管路和支架等的热膨胀情况。有过热器的蒸汽锅炉，应采用蒸汽吹洗过热器。吹扫时，锅炉压力宜保持在额定工作压力的75%，同时应保持适当的流量，吹洗时间不应小于15min。

2）锅炉试运行

锅炉严密性试验合格后，进入锅炉试运行。

①锅炉上水

炉内炉外及水汽系统检查完毕，无缺陷后即可上水。不同类型的锅炉对给水温度的要求也不同，工业锅炉的进水温度不应超过70℃，冬天，当锅炉的金属很冷时，进水温度应低一些，宜在50℃左右。

锅炉进水时，为使锅炉热膨胀均匀，上水时速度应缓慢，上水的持续时间，一般夏天为2h，冬天为3h。对新装锅炉或有缺陷的锅炉，还应酌情延长时间。如上水过急，会因受热不均，产生温度应力，引起胀口泄漏。当上水到最低水位时，关闭给水阀，观察水位计水位有无变动，如水位下降，说明有漏水之处

(放水阀或排污阀、应设法消除)。如水位升高,则说明给水门漏水,应设法清除。上水后检查膨胀指示器并做记录,比较上水前后的膨胀情况。

②锅炉点火

对于带有沸腾式省煤器的锅炉,须将省煤器再循环管上的阀门开启,以防存火后省煤器过热。

对于非沸腾式省煤器的锅炉,应将旁路烟道的挡板打开,并关闭运行烟道挡板。使烟气不经过省煤器,以防过热烧坏。

点火前要开启烟道闸门和炉门,使炉膛和烟道自然通风一段时间后再点火。有机械通风设备的锅炉,要启动引风机通风5~10min,然后点火。

③升压

锅炉升压应使燃烧室和受热面均匀受热,其升压过程如下:

压力升到0.1~0.2MPa时,应对水位计进行冲洗;

压力升到0.2~0.3MPa时,准备投运热工仪表;

压力升到0.3~0.4MPa时,进行全面排污一次;

压力升到0.4~0.5MPa时,进行全面热紧工作;

压力升到0.5~0.6MPa时,开始暖管。暖管时,先打开主气门的旁路门,并开启管道疏水阀,注意管道支吊架受力情况,当压力升到2/3工作压力时,对锅炉进行全面检查。当压力升到一定数值后,应对安全阀进行调整。

④带负荷试运行

安全阀整定合格后,锅炉可以带额定负荷试运行。锅炉带负荷连续试运行时间为48h,整体出厂的锅炉宜为4~24h,以运行正常为合格。

锅炉运行过程中应按运行规程对锅炉进行监视和调节。

七、机械设备的检验、调整和试运转

(一) 检验和调整

机械设备安装后,需对安装设备进行检验和调整。检验的目的:考查部件的装配工艺是否正确,检查安装的设备是否符合设计图样的规定。凡检查出不符合规定的地方,都要进行调整,为试运转创造条件,保证安装的设备达到规定的技术要求和生产能力。

1. 转动机构的检验和调整

(1) 滚动轴承游隙的检验和调整 下面以推力圆锥滚子轴承为例介绍游隙的检验和调整。

圆锥滚子轴承的游隙大小决定于外圈靠近滚动体的程度,安装后必须根据技术要求进行调整。游隙过小,会加剧轴承的磨损;游隙过大则会产生附加冲击载荷。

调整游隙可采用移动外圈或内圈的方法。移动外圈时,将图7-1 (a) 中原有的垫片 2 抽掉,用螺钉均匀地拧紧压盖 1,同时用手缓缓转动轴,以便滚动体都处在正确位置,拧紧到轴转动时有发紧感觉为止。这时轴承游隙为零,然后用塞尺测量缝隙 K 的大小,再由表 7-1~表 7-3 中查出所需要的轴向游隙值(此游隙是为了便于检查使用,经过换算而取得的值),便得到调整需要的垫片厚度。再将这样厚的垫片放在压盖 1 的下面,即可使轴承外圈和滚动体之间得到所需的游隙。

用螺钉调整游隙时如图 7-1 (b),应先松开螺母 3,拧紧螺钉 4,抵住盖板 5,使轴承游隙消除;然后再根据螺钉的螺距大小将螺钉向反方向旋转,例如,当螺距为 1mm 时,为了得到0.1mm 的轴向游隙,就必须将螺钉旋转 1/10 周。

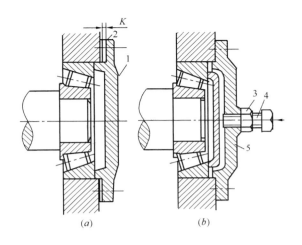

图 7-1 圆锥滚子轴承游隙的调整方法
(a) 移动外围法；(b) 螺钉调整法
1—轴承压盖；2—垫片；3—螺母；4—螺钉；5—盖板

圆锥滚子轴承（7000型）轴向游隙的近似值　　表 7-1

轴承内径 (mm)	轴向游隙 (mm)	
	轻型	轻宽型、中型和中宽型
≤30	0.03～0.10	0.04～0.11
>30～50	0.04～0.11	0.05～0.13
>50～80	0.05～0.13	0.06～0.15
>80～120	0.06～0.15	0.07～0.18

分离型角接触球轴承（6000型）轴向游隙的近似值　　表 7-2

轴承内径 (mm)	轴向游隙 (mm)	
	轻型	轻宽型、中型和中宽型
≤30	0.02～0.06	0.03～0.09
>30～50	0.03～0.09	0.04～0.10
>50～80	0.04～0.10	0.05～0.12
>80～120	0.05～0.12	0.06～0.15

双向推力球轴承（38000 型）轴向游隙的近似值　　表 7-3

轴承内径 (mm)	轴向游隙 (mm)	
	轻型	轻宽型、中型和重型
≤30	0.03～0.08	0.05～0.11
>30～50	0.04～0.10	0.06～0.12
>50～80	0.05～0.12	0.07～0.14
>80～120	0.06～0.15	0.10～0.18

用同样的方法，也可移动内圈来调整游隙。

（2）滑动轴承的检验和调整

滑动轴承的检验和调整分为轴瓦与轴颈的接触、轴瓦与轴颈之间的间隙两部分，现分述如下：

1) 轴瓦与轴颈接触面的检验和调整

轴瓦与轴颈的接触要求均匀而且分布面要广，因此，必须认真检查和调整。一般的轴承要求其轴瓦与轴颈应在 $60°\sim 90°$ 的范围内接触，并达到每 25mm×25mm 不少于 15～25 点。

2) 轴瓦与轴颈间隙的确定和检验

① 间隙的确定

a. 根据设计图样的要求决定

b. 根据计算确定

轴承的顶间隙：$a=Kd$ (mm)　　　　　　　　　　(7-1)

式中　K——系数（见表 7-4）；

　　　d——轴的直径，(mm)。

轴承的侧间隙（见图 7-2、图 7-3）：

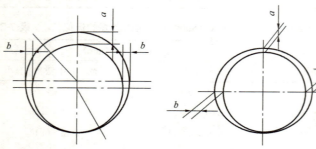

图 7-2　圆形瓦孔的侧间隙　　图 7-3　椭圆形瓦孔的侧间隙

注：一般情况下，轴承的侧间隙可采用 $b=a$；顶间隙较大时，采用 $b=1/2a$；顶间隙较小时，采用 $b=2a$。

系数 K 值表　　　　　　　　　　　　　表 7-4

编号	类　别	
1	一般精密机床轴承或 5（IT6）级配合精密度的轴承	0.0005
2	二级配合精密度的轴承，如马达类	0.001
3	一般冶金机械设备轴承	0.002～0.003
4	粗糙机械设备轴承	0.0035
5	透平机之类轴承 圆形瓦孔	0.002
	椭圆形瓦孔	0.001

c. 根据经验数据（查表）确定现将常用的几种轴承的顶间隙列于表 7-5～表 7-9 中，以作参考。

高精密轴承的顶间隙（$a=Kd$）　　　　表 7-5

润滑条件及工作性质	K
1. 油环润滑轴承	0.0007～0.001
2. 压力给油润滑	0.0005～0.0007

合金轴承的顶间隙（转速不低于 500r/min）　　表 7-6

直径（mm）	间隙（mm）	直径（mm）	间隙（mm）
18～30	0.04	>120～180	0.08
>30～50	0.05	>180～260	0.10
>50～80	0.06	>260～360	0.12
>80～120	0.07	>360～500	0.14

内燃机合金轴承的顶间隙　　　　　　　表 7-7

直径（mm）	间隙（mm）	直径（mm）	间隙（mm）
50～80	0.007～0.008	>180～260	0.15～0.20
>80～120	0.09～0.11	>260～360	0.23～0.26
>120～180	0.13～0.15	—	—

锻压机械设备的轴承顶间隙　　　　　表 7-8

轴的直径 （mm）	间隙 （mm）	轴的直径 （mm）	间隙 （mm）
100～150	0.1～0.15	＞500～550	0.5～0.55
＞200～250	0.2～0.25	＞600～650	0.6～0.65
＞306～350	0.3～0.35	＞700～750	0.7～0.75
＞400～450	0.4～0.45	＞800～1000	0.8～1.00

空气压缩机曲柄轴承顶间隙　　　　　表 7-9

直径（mm）	间隙（mm）
≤50	≥0.1
＞50～150	≥0.15
＞150～300	≥0.20

② 间隙的检验

a. 塞尺检验法　直径较大的轴承，用宽度较小的塞尺塞入间隙里，可直接测量出轴承间隙的大小（见图 7-4）。

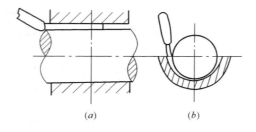

图 7-4　用塞尺检验轴承的间隙
（a）检验顶间隙；（b）检验侧间隙

轴套轴承间隙的检验，一般都采用这种方法。但直径小的轴承，其间隙也小，所以测量出来的间隙不够准确，往往小于实际间隙。

b. 压铅检验法　此法比塞尺法准确，但较费时间。所用铅丝不能太粗也不能太细,其直径最好为间隙的1.5～2倍,而且要柔软并经过热处理。检验时,先将轴承盖打开,把铅丝放在轴颈的上下瓦接合处(见图7-5),然后把轴承盖盖上,并均匀地拧紧轴承盖上的螺钉,面后在松开螺钉,取下轴承盖,用千分尺测量压扁铅丝的厚度,并用下列公式计算出轴承的顶间隙:

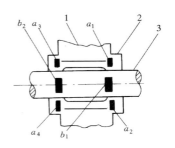

图7-5 承间隙的压铅检验法
1—轴承座;2—轴瓦;3—轴

$$顶间隙 = \left(\frac{b_1 + b_2}{2}\right) - \left(\frac{a_1 + a_2 + a_3 + a_4}{4}\right) (\text{mm}) \tag{7-2}$$

放铅丝的数量,可根据轴承的大小而定。但 a_1、a_2、a_3、a_4、b_1、b_2 各处应均有铅丝,不能只在 b_1、b_2 处放,而在 a_1、a_2、a_3、a_4 处不放,如这样做,所检验出的结果将不会准确(所得数值常比实际的间隙大)。

轴承的侧间隙仍需用塞尺进行测量。

c. 千分尺检验法用千分尺测量轴承孔和轴颈的尺寸时,在长度方向要选两个或三个位置进行测量;直径方向要选两个位置进行测量(见图7-6)。然后分别求

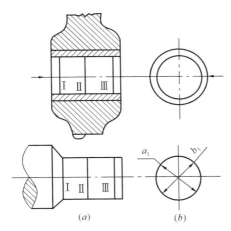

图7-6 轴套轴承间隙的测量方法

出轴承孔径和轴径的平均值,两者之差就是轴承的间隙。

采用千分尺检验轴套轴承的间隙比采用塞尺法和压铅法更为准确。

2. 传动机构的检验和调整

（1）齿轮传动的检验和调整

1）齿轮径向圆跳动的检验

① 齿轮压装后可用软金属锤敲击的方法检查齿轮是否有径向圆跳动。

② 用千分表检验齿轮在轴上的径向圆跳动，如图7-7（a）时，将轴2放在平板1上的V形架3上，调整V形架，使轴的轴心线和平板平行；再把检验棒6放在齿轮4的轮齿间，把千分表5的触头抵在检验棒上，即可从千分表上得出一个读数；然后转动轴，并把千分表放在相隔3～4个齿的齿间进行检验，又可

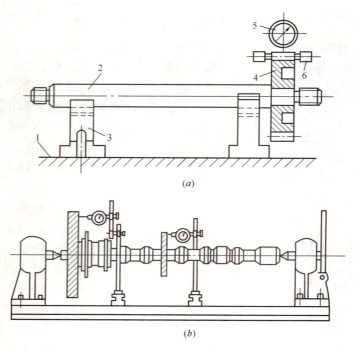

图7-7 检验压装后齿轮的跳动量

(a) 检验径向圆跳动；(b) 检验端面圆跳动

1—检验平板；2—轴；3—V形架；4—被检验齿轮；5—千分表；6—检验棒

在千分表上得出一个读数。如此便可确定在整个齿轮上千分表读数的平均差值,该差值就是齿轮分度圆上的径向圆跳动。

2) 齿轮端面圆跳动的检验和调整

检验时,用顶尖将轴顶在中间,把分表的触头抵在齿轮端面上,如图 7-7 (b),转动轴,便可根据千分表的读数计算出齿轮的端面圆跳动量。如跳动量过大,可将齿轮拆下,把它转动若干角度后再重新装到轴上,以减小跳动量。如果重装了以后还达不到要求,则必须修整轴和齿轮。

3) 齿轮中心距的检验

齿轮装配时,两轮中心距的准确度直接影响着轮齿间隙的大小,甚至使运转时产生冲击、加快齿轮的磨损或使齿"咬住"。因此,必须对齿轮的中心距进行检验。检验时,可用游标卡尺和内径千分尺进行测量,也可使用专用工具进行检验。

4) 齿轮轴线间平行度和倾斜度的检验和调整

传动齿轮轴线间所允许的平行度和倾斜度,由齿轮的模数决定。对于第一级的各种不同宽度的齿轮来说,当模数为 1～20mm 时,在等于齿轮宽度的轴线长度内,轴线最大的平行度误差不得超过 0.002～0.020mm。在四级精度的齿轮中,最大平行度误差不得超过 0.05～0.12mm,最大倾斜度误差不得超过 0.035～0.08mm。

如果齿轮轴心线的平行度或倾斜度超出了规定范围,则必须调整轴承位置或重新镗孔,或者利用装偏心套等方法消除误差。

5) 齿轮啮合质量的检验和调整

传动机构装配后,齿轮的啮合质量检验主要是进行齿侧间隙和接触面积的检验。检验齿侧间隙一般采用压铅法或塞尺法。

齿轮啮合的接触面积,可采用涂色法进行检验。检验时,在小齿轮面上包薄地涂上一层红铅油,按工作方向转动齿轮,便在另一齿轮的齿面上留下痕迹。两齿的接触面愈大,则表示齿轮制造和装配得愈好。

齿轮正常啮合时,接触面应均匀地分布在齿的工作面的中心线上,并能达到表 7-10 中所列的接触面积。如果接触面积太小,可在齿面上加研磨剂进行研磨,以扩大接触面积。

齿轮啮合的接触面积　　　　　　　　　表 7-10

传动形式和测量位置		精度		
		2	3	4
		接触面积,不小于(%)		
圆柱齿轮传动	在齿长上	75～80	65～70	单个的接触点
	在齿高上	40～45	30～35	
圆锥齿轮传动	在齿长上	60	60	50
	在齿高上	40	25	20
蜗杆传动	在齿长上	65	50	30
	在齿高上	60	60	60

(2) 联轴器传动机构的检验和调整

联轴器是将两个同心轴牢固地连接在一起的机构。联轴器传动机构检验和调整的目的主要是保证两轴的同轴度和联轴器间的端面间隙。

联轴器的种类很多,主要荷滑块联轴器、齿式联轴器、弹性柱梢联轴器、凸缘联轴器等。这些联轴器的结构、性能、特点和使用情况可参阅有关技术书籍和资料,这里仅将各型联轴器检验的技术要求列表于后。

1) 滑块联轴器。滑块联轴器两轴的同轴度误差要求见表 7-11。

滑块联轴器两轴的同轴度　　　　　　　表 7-11

外形最大直径 D (mm)	两轴的同轴度,不应超过	
	径向位移 (mm)	倾斜
≤300	0.1	0.8/1000
>300～600	0.2	1.2/1000

2）齿式联轴器（表7-12）。

齿式联轴器两轴的同轴度和外齿轴套端面处的间隙　表 7-12

外形最大直径 D (mm)	两轴的同轴度，不应超过		端面间隙 C，不应小于 (mm)
	径向位移（mm）	倾斜	
170～185	0.30	0.5/1000	2.5
220～250	0.45		2.5
290～430	0.65	1.0/1000	5.0
490～590	0.90	1.5/1000	5.0
680～780	1.20		7.5
900～1100	1.50	2.0/1000	10
1250	1.50		15

3）弹性柱销联轴器（表7-13，表7-14）。

弹性柱销联轴器两轴的同轴度　表 7-13

外形最大直径 D (mm)	两轴的同轴度，不应超过	
	径向位移（mm）	倾斜
105～260	0.05	0.2/1000
290～500	0.10	

4）凸缘联轴器。凸缘联轴器装配后，两个半联轴器端面间应紧密接触，两轴的径向位移不得超过 0.03mm。

弹性柱销联轴器间的端面间隙　表 7-14

轴孔直径 d (mm)	标准型			轻　型		
	型号	外形最大直径 D (mm)	间隙 C (mm)	型号	外形最大直径 D (mm)	间隙 C (mm)
25～28	B1	120	1～5	Q1	105	1～4
30～38	B2	140	1～5	Q2	120	1～4
35～45	B3	170	2～6	Q3	145	1～4

续表

轴孔直径 d (mm)	标准型			轻型		
	型号	外形最大直径 D (mm)	间隙 C (mm)	型号	外形最大直径 D (mm)	间隙 C (mm)
40~55	B4	190	2~6	Q4	170	1~5
45~65	B5	220	2~6	Q5	200	1~5
50~75	B6	260	2~8	Q6	240	2~6
70~95	B7	330	2~10	Q7	290	2~6
80~120	B8	410	2~12	Q8	350	2~8
100~150	B9	500	2~15	Q9	440	2~10

转速高的联轴器，需要进行平衡。装配时，应把螺栓的重量称出来，然后在圆周上平均配置，不能一侧重，另一侧轻。有些联轴器，由于在制造时有偏心，在试运转中有振动，这时，可以卸开联轴器，检查两个半联轴器的偏心情况，使偏心部分相对称连接，就可改善。

3. 运动变换机构的检验和调整

零件或部件沿导轨的移动，大部分是利用丝杠副来实现的；在某些情况下，也通过齿轮和齿条得到；但利用液压传动机构的也越来越多。这些机构的作用是将旋转运动变换为直线运动。

（1）螺旋机构的检验

1）对螺旋机构的技术要求

① 机构的零件必须制造得很精确；

② 装配时，必须使丝杠的轴线和导轨面平行，并且在工作时丝杠的轴线也不应偏移；

③ 不论螺母处于任何位置，丝杠的轴线都必须和螺母的轴线一致。

2）螺旋机构的检验方法

① 丝杠轴线位置的检验。螺旋机构装配后，需按照导轨的水平面和垂直面来检验丝杠轴线的位置。检验时，把千分表装在专用检验装置上（例如，车床的尾座滑板可代替专用检验装置），千分表的触头先后抵住丝杠的上母线和侧母线，分别在前支承 A 和后支承 B（图 7-8a）处检查。以千分表两次测量的读数差求出误差，其允许误差不得超过 $0.1\sim0.2$mm。

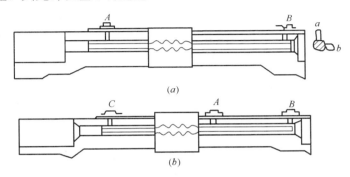

图 7-8 检验装配好的螺旋机构

② 螺母和丝杠轴心线误差的检验。检验方法和丝杠轴线位置的检验相同。检验时，将溜板箱放在中间位置，分别在丝杠两端 B、C 和中间 A 处进行测量（图 7-8b），所得误差为 $\triangle=A-B$ 或 $\triangle=A-C$ 允差为 $0.15\sim0.2$mm。

（2）液压传动系统的检查和调整

1）对液压传动系统的要求

① 液压系统各个零件的接合处不许漏油；

② 液压系统各环节的密封要可靠，以防空气进入；

③ 所有零件的内表面均须光洁（没有任何污痕、金属屑、锈蚀），因为脏污会使系统各个接合面的配合遭到破坏（例如泵、阀等）；

④ 液压驱动装置不论哪个方向的动作都必须均匀协调。

2）液压传动系统工作中常见的故障、产生原因及消除方法，见表 7-15。

液压传动系统工作中常见的故障、产生原因及消除方法　　表 7-15

故　　障	产生原因	消除方法
工作台进给不匀，产生促动和振动	1. 液压泵排油不匀（一般伴有响声或撞击声） 2. 空气混入油路 3. 安全阀或溢流阀调节不准 4. 机械上有毛病（如液压泵轴承套筒上没毛、工作台与导轨间由于摩擦力而咬住、活塞杆弯曲等）	1. 叶片、活塞可能损坏，应拆开液压泵进行修理 2. 排出空气 3. 重新调节 4. 针对故障产生原因酌情处理
液流不扬	1. 油管接头处漏油 2. 压力阀有咬损现象 3. 方向阀调节不对 4. 安全阀性能不佳 5. 活塞漏油	1. 可拧紧管接头处的螺母，若仍无效，则须拆开接头，检查管子末端是否有断裂处，如有，则须修换 2. 洗净后，将其接合面研究 3. 重新调整 4. 在安全阀上装置油压表检查其性能，检查后将油压表移去 5. 拆开液压缸调换活塞环或皮碗；若油缸磨损太多，则须重新研究
自动循环失灵（如工作台不快进也不快退，不按时快进给，进给后不能自动退回等）	1. 电气装置接触不良，阀的调节不当；方向滑阀及压力阀在打开位置或关闭位置咬住；操纵方向滑阀的线圈电路中的电压低；方向滑阀及弹簧断裂或咬住 2. 方向滑阀承受高压的时间延长	1. 修理电气装置和机械上的故障，调整各阀 2. 拆开研磨，使阀杆光洁、开闭准确

（二）试 运 转

试运转是机械设备安装中最后的，也是最重要的阶段。经过试运转，机械设备就可按要求正常地投入生产。

在试运转过程中，无论是安装上、制造上、设计上存在的问题，都会暴露出来。只有仔细分析，才能找出根源，找出解决的办法。

由于机械设备种类和型号繁多，试运转涉及的问题面较广，所以安装人员在试运转前一定要认真熟悉有关技术资料，掌握设备的结构性能和安全操作规程，才能搞好试运转工作。

1. 试运转前的检查

（1）机械设备周围应全部清扫干净。

（2）机械设备上不得放有任何工具、材料及其他妨碍机械运转的东西。

（3）机械设备各部分的装配零件必须完整无缺，各种仪表都要经过实验，所有螺钉、销钉之类的紧固件都要拧紧并固定好。

（4）所有减速器、齿轮箱、滑动面以及每个应当润滑的润滑点，都要按照产品说明书上的规定，保质保量地加上润滑油。

（5）检查水冷、液压、风动系统的管路、阀门等，该开的是否已经打开，该关的是否已经关闭。

（6）在设备运转前，应先开动液压泵将润滑油循环一次，以检查整个润滑系统是否畅通，各润滑点的润滑情况是否良好。

（7）检查各种安全设施（如安全罩、栏杆、围绳等）是否都已安设妥当。

（8）只有确认设备完好无疑，才允许进行试运转，并且在设备启动前还要做好紧急停车的准备，确保试运转时的安全。

2. 试运转的步骤

试运转的步骤应当是：先无负荷，后有负荷，先低速，后高速,先单机,后联动;每台单机要从部件开始,由部件到组件,由组件到单台设备;对于数台设备连成一套的联动机组,要将每台设备分别试好后,才能进行整个机组的联动试运转;并且前一步为合格前,不得进行下一步骤的试运转。设备试运转前,电动机应单独试验,以判断电力拖动部分是否良好,并确定其正确的回转方向;其他如电磁止动器、电磁阀限位开关等各种电气设备,都必须提前做好试验调整工作。

试运转时,能手动的部件先手动后再机动。对于大型设备,可利用盘车器或吊车转动两圈以上,没有卡住和异常现象时,方可通电运转。

无负荷试运转时,应检查设备各部分的动作和相互间作用的正确性,同时也使某些摩擦表而初步磨合。

负荷试运转的目的是为了检验设备能否达到正式生产的要求。此时,设备带上工作负荷,在与生产情况相似的条件下进行。

3. 试运转中应注意的事项

(1) 试运转中应防时检查轴承的温度,最大转速时,主轴滚动轴承的温度不得超过77℃,滑动轴取不得超过60℃;但在其他部分,如变速箱、进给箱及溜板箱中的轴承温度,不应高于50℃。

(2) 运转中,应注意倾听转动的声音。以齿轮变速箱为例,如果运转正常,发出的声音应当是平稳的呼呼声,如果有毛病,就会发出各种杂音,如齿轮的噪声、轻微的敲击声、嘶哑的摩擦声、金属碰击的铿锵声等。

(3) 注意检查各密封装置的密封性,看是否有漏油现象。

(4) 各种传动机构的活动是否正常,动作是否合乎要求,自动开关是否灵活。

(5) 运转中是否有振动现象。

(6) 试运转时,液体静压支承的部件(如静压导轨、静压轴承、静压丝杠等),必须先开动液压泵,待部件浮起后,才能将它起动；停车时，必须先停止部件的运动，再停止液压泵。

（7）运转中，如发现有不正常的现象，一般应立即停车，并进行检查和处理。

参加试运转的人员，应将身上容易被机器卷入的部分扎紧；对有害于身体健康的操作，还必须穿戴防护用品。

八、通用机械设备安装工程通病与防治

（一）设备基础施工

1. 设备基础标高失准

对重要复杂设备的混凝土基础进行加高时，必须制定切实可行的加高基础方案，经批准后，要严格按标准要求进行施工，以确保混凝土基础的良好性。

（1）现象

机械设备混凝土基础标高过高或过低，给机械设备安装带来一定影响。

（2）原因分析

设计施工图纸与设备尺寸不一致，施工时混凝土基础尺寸误差过大；施工作业不细心（模板尺寸有误）等。

（3）危害性

当混凝土基础过高时，要铲掉许多，这将造成材料和人力的浪费；如基础过低时，要加高基础，在加高基础的同时，如对原基础表面处理不好，就会影响设备基础的整体性，因而不能保证机械设备安装质量。另一方面用钢材加高，将浪费大量钢材。

（4）防治措施

基础施工前，要仔细核对设计图纸尺寸与机械设备外形尺寸是否吻合，发现问题要及时加以解决，要严格按照设计标高尺寸施工，误差不能超过规定的标准。对重要复杂设备的混凝土基础进行加高时，必须制定切实可行的加高基础方案，经批准后，要严格按标准要求进行施工，以确保混凝土基础的良好性。

2. 设备基础中心线失准

（1）现象

设备基础中心线偏移。

（2）原因分析

在基础放线时，把基准坐标找错；放线或施工中尺寸误差过大。

（3）危害性

基础中心线偏移将导致机械设备中心偏移，因而改变了地脚螺栓的位置，使部分螺栓紧贴靠在预留孔壁上，影响预留孔二次灌浆，不能保证地脚螺栓质量。

（4）防治措施

在基础放线时要严格按施工图平面位置施工，对基准坐标要反复核查，发现误差立即纠正。对基础中心线偏移较小的，在不影响基础的质量前提下，可采取适当扩大预留孔的方法加以解决。

3. 基础地脚螺栓预留孔不符合要求

（1）现象

设备基础预留孔过大，孔内木盒清理不彻底。

（2）原因分析

施工中不仔细核对尺寸，预留孔偏差过大；基础灌浆时，预留孔木盒偏移。预留孔木盒清理不彻底是由于拆木盒时间过晚或采取的措施不当。

（3）危害性

基础预留孔过大影响整个设备基础的质量，也给安放垫铁带来不便。木盒清理不彻底，将会影响预留孔二次灌浆的质量，也保证不了地脚螺栓有足够的拉力。

（4）防治措施

施工中要仔细核实尺寸。在基础灌浆时，对木盒固定要采取可靠措施防止移动。抽出木盒时，应在基础混凝土凝固前进行，以保证清理木盒彻底和二次灌浆的质量。

4. 二次灌浆质量不良、基础整体性差

（1）现象

二次灌浆部位不铲麻面、不凿毛即行灌浆。

(2) 原因分析

忽视基础施工质量,不按规定的施工程序和质量要求操作。

(3) 危害性

灌浆部位的基础表面应在机械设备安装前,铲成麻面(即凿毛),目的是为了二次灌浆时,新、旧混凝土能很好地结合在一起,以保持基础的整体性。如不铲麻面,两者结合不好,会使设备产生振动,影响安装质量和使用功能。

(4) 防治措施

设备上位前,先将基础清理干净,被油玷污的混凝土应铲除,并在灌浆部位的基础表面铲成麻面。同时,在基础转角处,还应铲成缺口,使二次灌浆层更加牢固。一般铲麻面的方法是:利用尖铲在光滑的基础表面凿出一个个麻坑(直径约为30~50mm),麻坑的间距可根据基础大小决定。基础较小时,二次灌浆层起重要作用的,间距可小些,一般为55~100mm;基础较大时,取150mm。铲麻面时,应采取安全防护措施。

5. 二次灌浆层脆裂、与设备底座分离

(1) 现象

二次灌浆层混凝土表面裂纹,产生麻面、泛砂与机械设备底座、垫铁剥离。

(2) 原因分析

现场未配备计量工具,用锹、桶计量,误差过大;操作时工作马虎不认真,混凝土搅拌不均匀,拌合时间过短,未设内外模板,混凝土填捣不密实。

(3) 危害性

二次灌浆混凝土配比标号低时,达不到混凝土强度要求,加上混凝土填捣不实,地脚螺栓的承力强度小,保证不了设备的稳定性。

(4) 防治措施

现场施工地点应配备符合计量要求的量具。二次灌浆用的混凝土的集料配比应正确,且标号应比基础混凝土的标号高一级。

使用的水泥应是合格的,砂子应过筛,石子洗净;拌合应均匀充分,达到标准要求。灌浆前,灌浆处应清洗洁净。灌浆时,应捣固密实,但须注意不使地脚螺栓歪斜和影响设备的安装精度。灌浆层的厚度不应小于25mm;只起固定垫铁或防止油水进入等作用且灌浆没有困难时,可小于25mm。

灌浆前应安设外模板,如图8-1所示,外模板至设备底座底面外缘的距离 c 不应小于60mm。设备底座下不全部灌浆且灌浆层需承受设备负荷,应安设内模板。内模板至设备底座底面外缘的距离 b 应大于100mm,并不应小于底座底面边宽 d。高度等于底座底面至基础或地平面的距离。

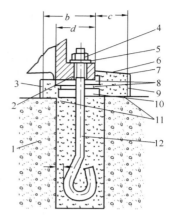

图8-1 地脚螺栓、垫铁和灌浆层示意图

1—地坪或设备基础;2—设备底座底面;3—内模板;4—螺母;5—垫圈;6—浆灌层斜面;7—灌浆层;8—斜垫铁;9—外模板;10—平垫铁;11—麻面;12—地脚螺栓

为使垫铁、设备底座底面与灌浆层的接触良好,宜采用压降法施工。

6. 基础表面粗糙

(1) 现象

混凝土基础抹面不平整光滑,垫铁外露,坡向不对。

(2) 原因分析

抹面砂浆的水泥用量过少,未做仔细平整压光;抹面高度不够,尺寸不符合要求。

(3) 危害性

抹面是设备基础施工的最后一道工序,一般要求抹面尺寸准确,表面平整光滑,防止坡向基础体和设备底座内渗入油水,以延长设备和基础的使用寿命。抹面高度不够,不能将垫铁填塞密实，日久垫铁锈蚀并产生松动，直接影响设备的稳定性。

(4) 防治措施

基础抹面应有操作熟练的人员进行操作，砂浆配比适当，严格按尺寸要求施工，认真做到抹面密实，表面平整光滑，而且坡向朝外，能起到防止油水侵蚀设备底座及基础体的防护作用。

(二) 地脚螺栓施工

1. 地脚螺栓螺纹外露长度不一致

(1) 现象

地脚螺栓伸出设备底座螺栓孔的螺纹段长短不一。

(2) 原因分析

地脚螺栓长度尺寸不标准；基础螺栓预留孔深度不符合要求；地脚螺栓在预留孔内安装高度不正确。

(3) 危害性

地脚螺栓螺纹外露过长既不美观，而且螺纹易损伤，螺母不容易倒扣；如螺纹外露过短，受力达不到要求，影响机械设备的稳定性。

(4) 防治措施

安装前要检查设备地脚螺栓是否符合设计要求，如有问题应及时更换。地脚螺栓在预留孔内的置放高度要适宜，螺栓头不要贴靠孔的底面，上部丝扣和伸出设备螺栓孔的长度须符合规范要求，一般地脚螺栓上紧螺母后丝扣外露长度为1.5~5螺距。对于死地脚螺栓（同基础混凝土一起浇灌的螺栓）丝扣外露过长的处理方法，可锯掉一部分长度，再套丝；如过短时（偏差较小），可将螺栓氧乙炔焰烤红后稍稍拉长（拉长部分用2~3块钢板沿螺栓周边加固）；如偏差过大，用拉长办法解决不了时，可将地脚螺栓周围的混凝土挖到一定深度，将地脚螺栓割断，另外焊上一个新加工的螺杆，并用钢板，圆钢加固，长度应为螺栓直径的4~5倍。见图8-2。

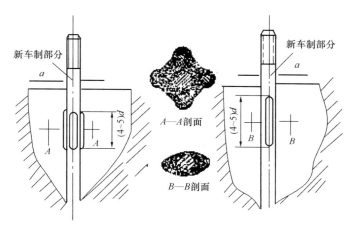

图 8-2 接长地脚螺栓

2. 地脚螺纹受损及沾上污垢

(1) 现象

地脚螺栓螺纹段螺线破断或沾上水泥、白灰等污垢。

(2) 原因分析

由于施工配合不当,机械设备上位过早且未采取相应的防护措施。

(3) 危害性

螺纹受损则不易上紧螺母;螺纹受到水泥、白灰污染,时间过长,硬化后不易除掉,影响螺母的松扣和拧紧,并对地脚螺栓产生腐蚀作用。

(4) 防治措施

加强安装与土建施工的配合,合理安排施工程序,机械设备就位二次灌浆时,地脚螺栓上部螺纹段可用厚纸包紧,避免坏损螺纹或沾上灰浆。

3. 地脚螺栓螺母未上紧

(1) 现象

地脚螺栓螺母的拧紧力不够,达不到设备稳定性的要求。

(2) 原因分析

施工作业马虎;手工操作螺母拧紧力掌握不准确。

(3) 危害性

地脚螺栓拧紧力不够,机械设备将产生振动和失稳现象,轻者影响设备安装精度,严重时不能保证设备的正常运转和使用。

(4) 防治措施

拧紧地脚螺栓时,应认真进行操作。当采用扭力扳手时,应按地脚螺栓的直径大小施加相应的扭力矩。一般地脚螺栓的拧紧力可参照表8-1。

地脚螺栓拧紧力矩 表 8-1

螺栓直径(mm)	拧紧力矩(N·m)	螺栓直径(mm)	拧紧力矩(N·m)
10	11	22	130
12	19	24	160
14	30	27	240
16	48	—	—
18	66	30	320
20	95	36	580

4. 地脚螺栓倾斜

(1) 现象

地脚螺栓埋设时形成倾斜,不与基础面垂直。

(2) 原因分析

在二次灌浆时,地脚螺栓未放正并固定好,捣固混凝土时碰歪。

(3) 危害性

螺母底面不能和设备底座表面全部贴靠紧密,因而受力不均。

(4) 防治措施

安装地脚螺栓时应保证螺栓垂直,必要时要加以固定,浇灌混凝土时要防止碰歪地脚螺栓,养生期间要随时进行检查。对一般设备地脚螺栓倾斜不严重时,可采用斜垫圈补偿调整。

5. 紧固地脚螺栓程序不当

(1) 现象

地脚螺栓紧固螺母时不按拧紧顺序进行作业。

(2) 原因分析

施工作业不认真，未严格按拧紧螺母的顺序进行操作。

（3）危害性

由于不按操作规程进行操作，机械设备或部件受力不均，因而产生内应力，既影响设备应有的精度，也缩短使用寿命。

（4）防治措施

应使用标准长度的扳手拧紧螺母，一般可按图 8-3 所示的方法进行拧紧。

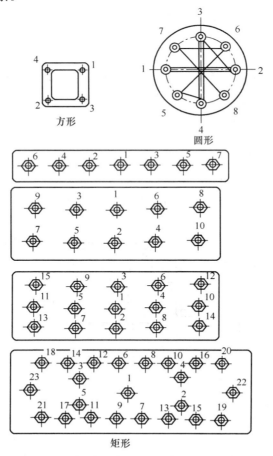

图 8-3　方形、圆形、矩形螺母拧紧顺序

（三）垫铁配制

1. 垫铁安放位置不当

（1）现象

设备垫铁位置不正确，不按常规进行摆设。

（2）原因分析

对设备承垫垫铁的基本知识理解不清；不能严格按合理的要求进行摆设；施工作业马虎。

（3）危害性

垫铁不能充分发挥承受合理负载和保持设备稳定的作用。垫铁如承垫过多，浪费大量钢材；承垫过少，使垫铁局部承受荷载过大，或传递荷载不均匀，破坏基础和机械设备运转的承垫稳定性。

（4）防治措施

机械设备承垫的垫铁，安装前要计算所需面积和数量以及分布的位置。一般中、小型设备计算所得面积少于实际面积，故很少计算，重型设备的垫铁面积则应详细计算，通常采用垫铁的承垫方法，见图 8-4。

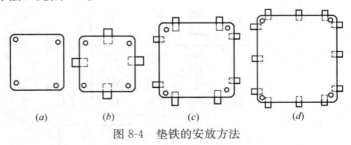

图 8-4 垫铁的安放方法

2. 垫铁安放过高

（1）现象

承垫垫铁块数过多而超高，且垫铁间未点焊成整体。

（2）原因分析

由于混凝土基础施工标高过低；为调整设备工作面高度，使用的薄垫铁过多；垫铁间不点焊是施工不严格按规定执行，施工操作不认真。

（3）危害性

设备垫铁块数过多、过高时，使设备出现失稳状态，同时又浪费钢材，加大工程成本。设备垫铁之间不进行点焊，设备运转过程中由于振动，容易使垫铁向产生滑移，因而不能保证机械设备的加工精度。

（4）防治措施

设备垫铁的块数，应按照施工及验收规范的要求进行摆放，垫铁组一般不应超过三块，并应少用薄垫铁。放置平垫铁时，最厚的放在下面，最薄的放中间，垫铁安放平稳且接触良好后（可用 0.25kg 手锤逐组轻击听音检查），要用电焊点牢，以防止滑移（铸铁垫铁可不点焊）。

3. 垫铁露出设备底座长短不一

（1）现象

设备底座四周垫铁的外露长短不一，呈犬牙状。

（2）原因分析

使用的垫铁尺寸不标准，长的过长，短的过短；放垫铁时粗心大意，马虎不认真；不严格按规定进行操作。

（3）危害性

垫铁露出底座过长，形成受力不均，同时浪费材料，又不美观。垫铁露出底座过短时，不便于调整设备。

（4）防治措施

安放垫铁时，应按规定尺寸露出底座。一般平垫铁露出设备底座为 10～30mm，斜垫铁露出 10～50mm。

（四）拆卸、清洗

1. 拆洗后装配精度降低

（1）现象

设备机件拆卸清洗后不能恢复到原装的配合精度。

（2）原因分析

拆卸清洗工作不符合要求，卸下的零件保管不良、受潮或损伤；甚至丢失个别零件而改用替换件。

（3）危害性

使机械设备性能下降，甚至报废不能使用。

（4）防治措施

1）进行拆卸清洗的工作地点必须清洁，禁止在灰尘多的地方或露天进行，如必须在露天进行时，应采取防尘措施。

2）拆卸前必须熟悉图纸，拆卸时应对照图纸按步骤进行，并在相互配合的机件上进行打印或做记号，打印的字迹应清楚，位置必须一致和明显；若机件上已有记号，则应核对清楚后才能拆卸。形状相同而数量很多的零件或部件，拆卸时应给示意图并按图上的编号打印。

3）拆下的零件必须妥善保管，不得受潮、损伤及丢失。

4）需加热后拆卸的机件，其加热温度应按设计或设备说明书的规定执行。

5）清洗机件一般均用煤油，但精密机件或滚动轴承，用煤油洗净后必须再用汽油清洗一次。

6）所有油孔油路内的泥砂或污油等杂物，清除干净后用木塞堵住，不得使用棉纱、布头代替木塞。

7）洗净后的机械设备零件或部件，如不能立即装配时，应盖严密，防止灰尘侵入。

8）设备部件装配时，应先检查零部件与装配有关的外表形状和尺寸精度，确认符合要求后，方可装配。

（五）联轴节的装配

1. 联轴节的不同轴度超差

（1）现象

机械现象两传动轴的不同轴度径向、轴向超过标准的要求。

(2) 原因分析

测量工具不合格或精度等级不够；测量误差大；施工马虎不细心。

(3) 危害性

设备不同轴度超过技术标准要求时，在运转中可能产生振动，同时还会使轴承磨损，损坏零部件，使设备不能保持正常的运行。

(4) 防治措施

施工安装中，应使用经过计量的合格量具进行测量，要严格按施工及验收规范的规定测量检验不同轴度。一般可采用下述的方法：

如图8-5所示，测量联轴器不同轴度时，先将联轴器端面和圆周上均匀分成4个位置，即0°、90°、180°、270°。

测量时，先将半联轴器 A 和 B 暂时相连接，然后装上专用工具或在圆周上划出对准线，如图8-5 (a) 所示。

将半联轴器 A 和 B 一起转动，使专用工具或对准线顺次转至0°、90°、180°、270° 4个位置，并在每个位置上测得两半联轴器的径向数值 a(或向隙)和轴上数值 b(或间隙)，并写成图8-5b的形式。

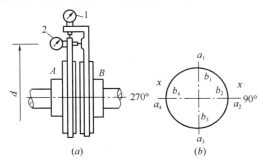

图 8-5 测量不同轴度

(a) 使用专用工具测量；(b) 记录形式；

1—测量径向数值 a 的百分数；2—测量轴向数值 b 的百分数

对测出数据进行核算：

将联轴器再向前转动，核对各位置的测量数值有无变动；即

$$a_1 + a_3 \text{ 应等于 } a_2 + a_4; \qquad (8\text{-}1)$$

$$b_1 + b_3 \text{ 应等于 } b_2 + b_4。 \qquad (8\text{-}2)$$

如上述数值不等时，应查明原因，消除后重新进行测量。

不同轴度应按下列公式进行计算：

$$a_x = \frac{a_2 - a_4}{2} \qquad (8\text{-}3)$$

$$a_y = \frac{a_1 - a_3}{2} \qquad (8\text{-}4)$$

$$a = \sqrt{a_x^2 + a_y^2} \qquad (8\text{-}5)$$

式中　a_x——两轴轴线在 x—x 方向的径向位移；

　　　a_y——两轴轴线在 y—y 方向的径向位移；

　　　a——两轴轴线的实际径向位移。

$$Q_x = \frac{b_2 - b_4}{d} \qquad (8\text{-}6)$$

$$Q_y = \frac{b_1 - b_3}{d} \qquad (8\text{-}7)$$

$$Q = \sqrt{Q_x^2 + Q_y^2} \qquad (8\text{-}8)$$

式中　d——测点处直径，（mm）；

　　　Q_x——两轴轴线在 x—x 方向的倾斜；

　　　Q_y——两轴轴线在 y—y 方向的倾斜；

　　　Q——两轴轴线的实际倾斜。

2. 联轴节端面间隙值超差

（1）现象

两半联轴节端面间隙过大或过小，不符合标准要求。

（2）原因分析

不按标准规定进行找正；施工马虎不认真；整体设备出厂验收不严格。

（3）危害性

两半联轴器端面间隙过大，使两传动轴扭力增大，增加不必要的外负荷，可导致设备运转不平稳。如两半联轴器端面间隙过

小，不能满足轴向伸长窜动所需的间隙需求。

（4）防治措施

应按施工及验收规范的规定进行安装调整。对中、小型有共用底座的整体安装的设备，两半联轴器端面间隙过大时，可采取扩长电机底脚定位槽的办法解决。常用的联轴器端面间隙值，可按下面规定进行调整：

十字滑块联轴节，见图 8-6 端面间隙 c，当外形最大直径不超过 190mm 时，应为 0.5～0.8mm，当外径超过 190mm 时，端面间隙应为 1～1.5mm。

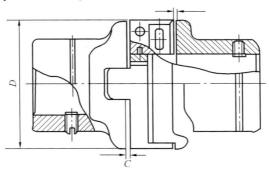

图 8-6 十字滑块联轴节

挠性爪型联轴节，见图 8-7，端面间隙 c 约为 2mm。

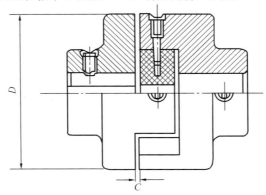

图 8-7 挠性爪型联轴节

蛇形弹簧联轴节的端面间隙，见表 8-2。

蛇形弹簧联轴节的端面间隙　　　　　表 8-2

序号	联轴节最大直径外形（mm）	端面间隙不应小于（mm）
1	≤200	1.0
2	>200～400	1.5
3	>400～700	2.0
4	>700～1350	2.5
5	>1350～2500	3.0

齿轮联轴节，见图 8-8，端面间隙 c 见表 8-3。

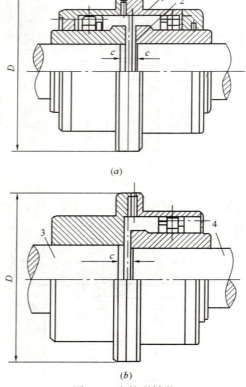

图 8-8　齿轮联轴节
（a）普通型；（b）用于设备有中间轴者
1—外壳；2—外齿轴套；3—中间轴；4—主轴

齿轮联轴节端面处间隙　　　　　　　　　　　　表 8-3

序号	联轴节外形最大直径 D (mm)	端面间隙不应小于 (mm)
1	170～185、220～250	2.5
2	290～430	5
3	490～590	5
4	680～780	7.5
5	900～1100	10
6	1250	15

弹性圈柱销联轴节，见图 8-9，端面间隙 c 见表 8-4。

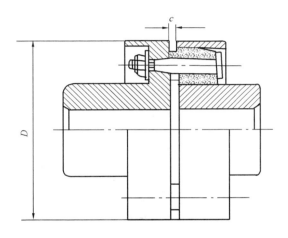

图 8-9　弹性圈柱销联轴节

弹性圈联轴节端面间隙　　　　　　　　　　　　表 8-4

序号	轴承直径 D (mm)	间隙 (mm)
1	25～28	1～5
2	30～38	1～5
3	35～45	2～6
4	40～55	2～6
5	45～65	2～6
6	50～75	2～8
7	70～95	2～10
8	80～120	2～12
9	100～150	2～15

尼龙柱销联轴节，如图 8-10，端面间隙 c 见表 8-5。

尼龙柱销联轴节端面缝隙　　　　　　表 8-5

序号	联轴节外形最大直径（mm）	端面间隙不应小于（mm）
1	90～150	2
2	170～220	2.5
3	275～320	3
4	340～490	4
5	560～610	5
6	670	6
7	770	7
8	850	8
9	880	9

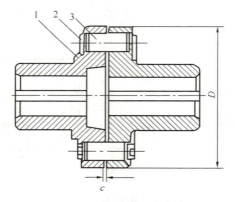

图 8-10　尼龙柱销联轴节
1—半联轴；2—挡板；3—尼龙柱销

（六）轴承的装配

1. 滑动轴承娃的接触角不符合要求

（1）现象

轴瓦与轴颈间接触角达不到标准要求。

（2）原因分析

不能严格按操作要点进行刮瓦，施工作业马虎，工艺基本功差。

(3) 危害性

轴瓦与轴颈接触角过大，使润滑油膜不易形成，从而得不到良好的润滑效果，加快轴瓦的磨损。接触角过小，会增加轴瓦的压强，其结果也会使轴瓦很快磨损。

(4) 防治措施

轴瓦与轴颈接触角大小要适宜，一般控制在 60°～90°之间。高速轻载轴承接触角可取 60°，低速重载轴承的接触角可取 90°，轴瓦的刮研要在设备精平以后进行。刮研的范围包括轴瓦背面（瓦背）与轴承体接触面的刮研和轴瓦与轴颈接触面的刮研两部分。

瓦背与轴承体的刮研不应忽视。具体要求是：下瓦背与轴承座之间的接触面积不得小于整个面积的 50%，上瓦背与轴承盖间的接触面积不得少于 40%；瓦背与轴承座和轴承盖之间的接触点应为 1～2 点/cm²。如果接触面积过小或接触点数过少，将会使轴瓦所承受的单位面积压力增加，从而加速轴瓦的磨损。

刮研轴瓦时，应将轴上的零件全部装上。刮瓦一般先刮下瓦，后刮上瓦。刮瓦时，可在轴颈上涂一层薄薄的红铅油，将轴颈轻轻地放入瓦内，然后盘动轴，使轴在轴瓦内正、反转各一周，轴瓦与轴颈相互摩擦，再将轴吊起，根据研瓦的情况，判定其接触角和接触点是否符合要求，如不符要求应使用刮刀刮削。刮研时，在 60°～90°接触角范围内，接触点应该中间密两侧逐渐变疏，不应该使接触面与非接触面间有明显的界限。上瓦的刮研方法与下瓦相同。在瓦上着色时，要装好上瓦，撤去瓦口上的垫片，将轴承盖用螺丝紧固好，保证上瓦能够良好地与轴颈接触。

2. 轴颈与轴瓦接触点过少

(1) 现象

轴瓦与轴颈间的接触点不符合施工及验收规范的规定。

(2) 原因分析

刮瓦的程序和方法不妥当，操作时不细致，粗心大意忽视质量。

(3) 危害性

由于轴瓦与轴颈间接触点标准达不到规定的要求,在设备运转过程中可导致轴瓦发热,使运转不能正常进行。

(4) 防治措施

刮瓦时应按工艺程序进行,轴颈在轴瓦内反正转动一圈后,对呈现出的黑斑点用刮刀均匀刮去,每刮一次变换一个方向,使刮痕成 60°~90°的交错角,同时在接触部分与非接触部分不应有明显的界限,当用手触摸轴瓦表面时,应感到非常光滑。轴瓦接触点标准可参照表 8-6 的规定。

轴瓦接触点标准　　　　　　　　表 8-6

序号	轴承转速（r/min）	接触点（点/25×25mm^2）
1	100 以下	3~5
2	100~500	10~15
3	500~1000	15~20
4	1000~2000	20~25
5	2000 以下	25

3. 滚动轴承的装配通病

(1) 现象

轴承间隙过大或过小。

(2) 原因分析

对轴承间隙测量不仔细,测量工具或操作上误差过大。当采用螺钉调整时,未拧紧锁紧螺母;用止推环调整时,止动片未固定牢固。

(3) 危害性

轴承间隙过大或过小,都会影响滚动体正常运转和润滑,同时,也满足不了热膨胀的要求,其结果使整台设备不能正常运转。

(4) 防治措施

应按规定要求正确调整轴承的间隙。安装时需调整的一般都是径向止推式滚锥轴承。调整时,通过轴承外套进行,根据轴承部件的不同,主要有下面 3 种调整方法;

1) 垫片调整法

如图 8-11 所示,先用螺丝将卡盖拧紧到轴承中没有任何间隙时为止,同时最好将轴转动,然后用塞尺量出卡盖与机体间的间隙再加上所要求的轴向间隙,即等于所需要垫片的厚度,垫片必须平整光滑洁净,不允许在垫的边缘或穿眼(螺丝穿过的孔洞)处有卷边或不平的现象。为了能精确地调整轴向间隙必须准备各种不同厚度的垫片,垫片以软件金属片为最好,纸垫也可以。如果需要几层垫片叠起来用时,其总厚度一定要以螺栓拧紧之后,再卸下来量出的结果为准,不能以几层垫片直接相加的厚度计算,这样会造成误差。特别是多层叠在一起未经压紧前,弹性较大,量出来的数值总是偏大。

2) 螺钉调整法

如图 8-12 所示,先把调整螺钉上的锁帽松开,然后拧紧调整螺钉,这时螺钉压到止推盘上,止推盘挤向外座圈,直到轴转动时发紧为止。最后根据轴向间隙的要求,将调整螺钉倒转一定的角度,并把锁帽拧紧,以防调整螺钉在设备运转中产生松动。

3) 止推环调整法

如图 8-13,先把具有外螺纹的止推环拧紧,到轴转动时发紧为止,然后根据轴向间隙的要求,将止推环倒拧一定的角度,最后用止动片加以固定。

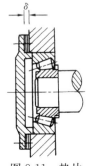

图 8-11 垫片调整法

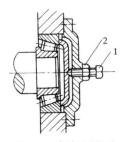

图 8-12 螺钉调整法
1—调整螺钉;2—锁母

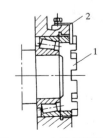

图 8-13 止推环调整法
1—止推环;2—止动片

4. 轴承发热

（1）现象

在设备试运转中的轴承温度逐渐增高超过规定的要求。

（2）原因分析

轴承内润滑油过多或过少，甚至轴承内无油；润滑油不洁净，也会使轴承发热；轴承装配不良（位置不正、歪斜、无间隙等）。

（3）危害性

轴承使用的材料强度和硬度，一般低于轴所用材料（如滑动轴承），当轴承过热时，会导致轴承合金的磨损，严重时可熔化合金，使正常运转停止，对滚动轴承来说，过热时，也会加快磨损，缩短使用寿命。

（4）防治措施

首先要清洗好润滑系统，然后按设计要求的牌号、用量的多少，添加符合要求的润滑油。对轴承装配不当者，应重新进行调整，一直达到设计和规范的要求为止。

5. 轴发热

（1）现象

传动轴在运转过程中温度升高。

（2）原因分析

轴上的挡油毡垫或胶皮圈太紧，在转动中由于摩擦发热，另一方面轴承盖与轴的四周间隙大小不一，导致有磨轴现象发生，使轴发热。

（3）危害性

挡轴发热温度增高时，会降低轴的硬度，加快轴的磨损，同时也会影响到与轴接触的其他的零、部件的损坏。

（4）防治措施

将胶皮圈内弹簧换松，或调松轴承盖螺丝，检查轴承盖与轴的间隙是否符合设备技术文件的规定，如不符合规定，应进行认真调整。

6. 轴承漏油

（1）现象

设备运转中轴承压盖处润滑油泄露。

（2）原因分析

润滑系统供油过多，压力油管油压太高，超过规定标准；轴承回油孔或回油管尺寸太小，油封数量不够或油封装配不良，油封槽与其他部位穿通从轴承盖不严密处漏出。

（3）危害性

损耗润滑油，且不能很好保证轴承本身的正常润滑，并造成对设备的污染。

（4）防治措施

要调整好润滑系统的供油量，油量要适宜；要增大回油管直径；修整好油封槽，装配好油封；要把紧轴承盖。

（七）皮带和链传动

1. 传动轮在轴上装配不牢

（1）现象

传动轮在轴上未装配牢固，有松动，径向和轴向端面跳动量超标。

（2）危害性

严重影响传动效率，使机械运动转不稳定。

（3）原因分析

传动轮孔与轴的配合精度不符合要求，紧固件未起到稳固作用，轮孔与轴之间有相对运动。

（4）防治措施

传动轮安装到轴上，一般应采用2～3级精度的过渡配合，装配前必须加上润滑油，以免发生咬口现象。装配时，可采用锤击法或压入法，并用键或紧固螺钉予以固定。传动轮装配得是否正确，通常是采用划针盘或百分表来检查轮的径向和端面的跳动量。

2. 两轮端面不平行

（1）现象

两轮中心面不在同一平面上（两轴平行时），如图 8-14 所示。

（2）原因分析

纵横向中心位置未找准，或两轮厚度不一致。

（3）危害性

在设备运转时，皮带或链条容易跑偏、掉带（链），同时增加了传动过程中的扭力，会引起传动带（链）的张紧不均和磨损加快。

（4）防治措施

传动轮装配后，必须检查和调整两个传动轮之间相互安装位置的正确性。首先应固定好从动轮，以它为基准找好纵横中心线和两轴平行度，检查方法如图 8-14 所示，如有偏移或倾斜时，应进行调整。偏移量 a 的标准为：三角皮带轮（链轮）不应超过 1mm；平皮带轮不应超过 1.5mm。

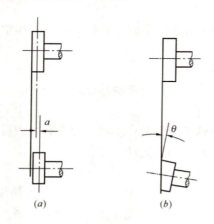

图 8-14 传动轮相互位置正确性的检查

(a) 用长直尺检查；(b) 用拉线法检查

3. 传动带（链）受力不一致

（1）现象

三角带（链）张紧程度不一致。

（2）原因分析

装带（链）时，两传动轮不平行；或是使用的带（链）规格不一，长度不同。

（3）危害性

由于各条带（链）的张紧程度不一样，形成受力不均，增加了短带（短链）的荷载，长带则产生较大的跳动和打滑现象，长链则长生与链轮齿的干涉现象。当带或链过紧，传动轮转动时，带或链的跳跃也比较剧烈，并产生振动，对传动轴的压力加大，运转不稳定，容易损坏机件。

（4）防治措施

在安装过程中，应仔细调整好两传动轮的轮距和平行度；对规格不相同的三角带或链应进行调换。两轮的距离通过定期调节或采用自动压紧的张紧轮装置予以改善。

三角带的拉紧程度，一般以大拇指能把带揪下约 15mm 左右为合适（两轮的中心距约为 500～600mm）。

链传动的拉紧程度可通过驰垂度值予以检验。如果链传动是水平的，或稍微倾斜的（在 45°以内），可取驰垂度 f 等于 $2\%L$（L 为两传动链轮的轴心距离）；倾斜度增大时，就要减少驰垂度（$f \approx 1 \sim 1.5\%L$）；在垂直传动中减少等于 $0.2\%L$。

4. 传动链产生干涉和跳动

（1）现象

链轮转动中，链节与轮齿接触不顺，产生干涉和跳动现象。

（2）原因分析

链轮的链齿数与链条的链节数不匹配，链节与齿轮不能循环接触。

（3）危害性

链节和齿轮磨损严重,并影响传动效率。

(4) 防治措施

必须质疑:链节传动机构装配时,一般链轮的链齿采用奇数,而链条的链节都是偶数;如果链轮的链齿数是偶数,则链条的链节必须是奇数。这样在传动时,能使链节和轮齿循环接触良好,保持磨损均匀,传动平稳。

5. 三角带单边工作

(1) 现象及危害性

在传动过程中,三角带单边与皮带槽接触,磨损严重,降低三角带使用寿命。

(2) 原因分析

安装三角带轮时,虽然注意做到了两轮的中心线保持平行,但两对轮槽未在一个平面内,因而造成三角带的单边工作。

(3) 防治措施

三角带在轮槽中的位置应使胶带两侧面与轮槽内缘平齐或稍高一点即符合要求,如太高太深都不能起到有效的传动效果。因此,在调节两轮的安装位置时,应使两轮的轮槽(各条带的轮槽)处在同一平面内。

(八) 齿 轮 传 动

1. 圆柱齿轮轴孔松动

(1) 现象

齿轮与齿轮轴配合不紧密。

(2) 原因分析

齿轮内孔加工不正确,见图 8-15 (a) 成喇叭形。

(3) 危害性

运转时,会出现左右偏摆,加快孔、轴的磨损。同时,运转时振动大,传动效率低。

(4) 防治措施

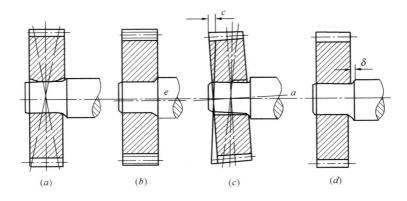

图 8-15 齿轮装配不正确

应重新进行齿轮内孔加工，必要时，更换齿轮。

2. 齿轮偏摆

（1）现象

齿轮中心线与轴中心线不重合如图 8-15（b）。

（2）原因分析

装配尺寸误差大。

（3）危害性

当设备运转时，齿轮传动中将会产生径向跳动，同时，啮合齿部分由于不断变换节圆尺寸大小，因而产生冲击和噪音；当中心线偏心距过大时，可能发生卡死现象，影响设备的正常运转。

（4）防治措施

齿轮传动系统要正确地进行装配，并进行必要的检查和调整，特别应注意轴与齿轮间的定位键的对位和松紧适度。对已出现的问题，要进行妥善的修整，必要时更换有关部件。

3. 齿轮歪斜

（1）现象

齿轮装配在轴上产生歪斜如图 8-15（c）。

（2）原因分析

装配时粗糙马虎；零、部件加工尺寸误差过大。

(3) 危害性

齿轮在轴上装配歪斜时，在设备运转过程中将会产生端面跳动，齿轮对在啮合时，相互作用力集中在齿面的局部，并使其很快磨损。

(4) 防治措施

应重新进行装配和调整，如经过检查确系由于齿轮轴孔加工误差过大，则更换其部件。

4. 齿轮副啮合不良 (1)

(1) 现象

齿轮装配时未贴靠到轴肩位置如图 8-15 (d)。

(2) 原因分析

传动轴轴头过长；齿轮加工时宽度不够；齿轮装配不正确。

(3) 危害性

齿轮装配时未贴靠到轴肩位置，使啮合的两齿轮在轴向的相对位置不正。使一部分齿宽接触，而另一部分齿宽没有很好的啮合因而加重了部分齿的荷载，使设备运转时不平稳。

(4) 防治措施

齿轮在轴上的位置应严格按标准要求正确地进行装配，对部件存在的问题（如轴肩圆角太大等），做必要的修整。

5. 齿轮副啮合不良 (2)

(1) 现象

两齿轮啮合偏向齿顶如图 8-16 (b)。正确的啮合接触部件如图 8-16 (a)。

(2) 原因分析

两齿轮在装配时中心距过大；也可能是齿加工厚度不够。

(3) 危害性

由于两齿轮中心距过大，当啮合时，两齿间隙就会增大，因而在运转中，两齿会发生冲击和运转不平稳，并加快的损坏。

(4) 防治措施

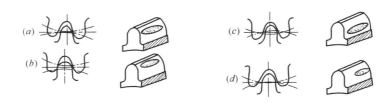

图 8-16 接触斑点位置偏差

在安装调整中，可改变两啮合齿轮轴的位置，用刮研轴瓦、加工齿形等方法解决。

6. 齿轮副啮合不良（3）

（1）现象

两齿轮啮合接触面积偏向齿根如图 8-16（c）。

（2）原因分析

两齿轮在装配时，中心距过小，也可能齿在加工过程中厚度偏大。

（3）危害性

两齿轮中心距过小，当两齿啮合时，间隙也随之减小，这时，齿轮在运转中将会发生咬住或润滑不良等情况，其结果也会使齿很快损坏。

（4）防治措施

对两齿轮中心距位置进行调整，对轴瓦进行刮研，以及对齿轮的齿形进行加工等。

7. 齿轮副啮合不良（4）

（1）现象

两齿轮啮合接触面积偏向齿侧端部如图 8-16（d）。

（2）原因分析

由于两齿轮中心线偏移所造成的。

（3）危害性

当两齿轮中心下你偏移时，在设备运转中可能会出现两齿卡住或齿间润滑失去作用，使齿很快磨损，严重时齿断裂。

（4）防治措施

调整好两啮合齿轮轴的位置，刮瓦，修整齿形等。

8. 齿轮副啮合不良（5）

（1）现象

齿轮啮合接触面积在齿高方向不均。

（2）原因分析

两齿轮中心线发生扭斜，装配不当。

（3）危害性

两齿轮中心线扭斜，在齿高方向接触不均匀，并偏向齿的端部，因而也会产生两齿咬死或齿间润滑不良，由于齿局部受力较大，使齿很快磨损，甚至折断。

（4）防治措施

安装时，对齿轮应进行正确地装配，发生中心线扭斜时，应对其中心位置进行调整，还可通过研瓦、修研齿形等方法解决。

9. 圆锤齿轮啮合不良

（1）现象

小齿轮接触面太高，大齿轮接触面太低，如图 8-17 所示。

图 8-17　高低接触

（2）原因分析

小齿轮轴向定位有误差。

（3）危害性

由于小齿轮接触面太高，大齿轮接触面太低，使两齿轮接触过程中受力不均，产生噪声大、齿磨损不均匀等现象。

（4）防治措施

可将小齿轮沿轴向移出；如间隙过大，可将大齿轮沿轴向移进。

参 考 文 献

[1] 陈国祥. 机械设备安装工(基础知识)[M]. 北京：中国劳动社会保障出版社. 2011.

[2] 陈国祥. 机械设备安装工(初级)[M]. 北京：中国劳动社会保障出版社. 2011.

[3] 陈国祥. 机械设备安装工(中级)[M]. 北京：中国劳动社会保障出版社. 2011.

[4] 陈国祥. 机械设备安装工(高级)[M]. 北京：中国劳动社会保障出版社. 2011.

[5] 杨溥泉，荆宏智. 简明机械设备安装工手册[M]. 北京：机械工业出版社. 1995.

[6] 张绍甫，张莹，李铁成. 机械工程基础(第二版)[M]. 北京：高等教育出版社. 2003.

[7] 赵明朗，任俊和. 工程安装钳工[M]. 北京：中国建筑工业出版社. 2015.

[8] 龚崇实，陈忠恕. 安装工程质量通病防治手册[M]. 北京：中国建筑工业出版社. 1991.

[9] 杨筱悌，强十勃，吴小莎. 安装钳工(高级工)[M]. 北京：中国建筑工业出版社. 1996.

[10] 莫章金，毛家华. 建筑工程制图与识图(第三版)[M]. 北京：高等教育出版社. 2013.